智识未来

CODING MANUAL:

Computer Programming
(Beginners Onwards)

Python

趣味编程入门

[英]迈克·桑德斯（Mike Saunders）————著

姚军————译

人民邮电出版社
北京

图书在版编目（CIP）数据

Python趣味编程入门 / （英）迈克·桑德斯
(Mike Saunders) 著；姚军译. -- 北京：人民邮电出
版社，2018.9（2020.3重印）
（智识未来）
ISBN 978-7-115-48753-7

Ⅰ. ①P… Ⅱ. ①迈… ②姚… Ⅲ. ①软件工具－程序
设计 Ⅳ. ①TP311.561

中国版本图书馆CIP数据核字(2018)第161048号

内 容 提 要

　　多年以前，编程可能还只是少数人掌握的一项技能。但是随着计算机的普及和人工智能的
流行，编程已经成为一项男女老幼皆可学习的技术。Python 是一种面向对象的解释型程序设计
语言，也是 2017 年很受欢迎的人工智能编程语言。

　　本书通过一个个有趣的程序清单，帮助读者掌握 Python 编程的基础知识。本书内容分为 9
章：第 1 章介绍了在不同的操作系统上如何安装 Python 软件，后面章节用实例对 Python 编程
语言的知识点进行剖析，最后一章展示了 4 个综合性应用案例，帮助读者对所学进行总结巩固。

　　本书非常适合对计算机编程的基础知识感兴趣的青少年及初学者使用。全书程序清单的原
始代码都可以通过扫描本书封底上的二维码下载。

◆ 著　　　　　[英]迈克·桑德斯（Mike Saunders）

　　译　　　　姚　军

　　责任编辑　刘　朋

　　责任印制　陈　犇

◆ 人民邮电出版社出版发行　　北京市丰台区成寿寺路 11 号
　　邮编　100164　电子邮件　315@ptpress.com.cn
　　网址　http://www.ptpress.com.cn
　　临西县阅读时光印刷有限公司印刷

◆ 开本：690×970　1/16

　　印张：11.75　　　　　　　　　2018 年 9 月第 1 版

　　字数：154 千字　　　　　　　2020 年 3 月河北第 11 次印刷

　　著作权合同登记号　图字：01-2017-8640 号

定价：49.00 元

读者服务热线：(010)81055410　印装质量热线：(010)81055316
反盗版热线：(010)81055315

广告经营许可证：京东工商广登字 20170147 号

前　言

2008 年，"编程"一词还带有很多负面含义。大部分人认为程序员是住在小隔间里的"薪奴"，每天 8 小时盯着屏幕，艰苦地制作着令人费解的文章。那么，以编程为爱好的人是什么样子呢？应该是沉迷于《龙与地下城》、胡子拉碴的极客们吧。

今天，如果仍沿用以前的认知，那就大错特错了，编程（编码、设计，或者你想用的任何词）已经变得很酷。人们认识到，它并不是一种"魔法"，不是常人完全无法理解的东西。小孩子们在编程，家庭主妇们在编程，退休老人也在编程——这是一项迷人的工作。程序员骄傲地谈论自己的职业或者爱好，而不再怕被人贴上"极客"的标签。

但是，为什么会有这样的变化，是什么促使人们的观念有了如此大的转变？这里有 3 个关键因素。首先，一些政府机构开始意识到编程在教育中的重要性。在 20 世纪 80 年代和 90 年代初，本书作者还在英国上学时，当时计算机编程完全是选修课，很少有孩子选择它（如前所述，选择计算机编程的孩子立刻就被贴上"极客"的标签）。今天，英国政府鼓励孩子们尽早学习编程并正确认识编程，消除了与之相关的负面信息。课外编程俱乐部已经获得了巨大成功。

编程
俱乐部

因为课外编程俱乐部，越来越多的孩子在很小的时候就开始学习编程。

实用技能

这就引出了编程越来越受欢迎的第二个原因：人们意识到这门学科传授的是宝贵的实用技能。当你学习编程时，学到的不仅是一堆古怪的单词和符

本书主要介绍 Python 编程语言，但是你学到的技巧也可以用于其他语言。

号，你将学会更富有逻辑地思考问题，区分不同事物并合理进行分解，积极寻找解决问题的新方法。这样学习编程的同时，你还能更有效地处理许多日常的难题。

最后，一种信用卡大小的计算机（树莓派）为编程的流行起到了惊人的作用。树莓派在全球已经售出数百万套，它们可用于形形色色的任务，也特别适合于学习编程。这种计算机便宜、简单，可以接入电视，并自带现成的 Python 编程语言——这也是本书的主题。

为什么选择 Python？

是什么让 Python 如此特别？为什么在编程语言如此多样的情况下，我们要选择它作为本书的主题？简而言之，Python 包罗万象。和那些看上去神秘甚至可怕的语言相比，Python 的代码更容易理解，近似于自然语言。如果你以前尝试过编程，受阻于一些语言使用的古怪符号和结构，那么在这里你就会觉得轻松多了。

与此同时，Python 并不是仅适合于入门开发者的语言。它已经发展了数十年，经过不断精炼和改进，得到了大量实际应用的支持。Python 可用于各种任务，从分类文本文件的小脚本到大的图形应用程序均可满足。虽然这种语言的核心很简单，但是通过使用许多附加模块可以写出更通用、强大的程序，我们将在本书的最后几个章节进行介绍。

在编程学习中，很好的一件事是编程中真正与具体语言相关的东西很少。当然，不同的编程语言有不同的特点和方法，但是最终它们都是要告诉 CPU——计算机的中央处理器——该做什么。你在通读本书，成为高效、博学的 Python 能手之后，就能轻松地应对其他语言——学习其他编程语言也确实是成为更好的程序员的绝佳途径。

旅程由此开始

你就要开始旅程了。前路可能让你有些害怕，特别是在你浏览到本书后半部分的一些内容和程序清单（本书程序清单的原始代码可通过扫描封底上的二维码获取）时。但是不要担心，每个人都能够学会编程。本书的作者曾经在几十年里向人们传授编程方法。编程对于开发你的大脑、拓展思维方式都很有帮助，它可以作为一个新的爱好，甚至能够成为新的职业。让我们开始吧！

目　录

第 9 章 示例程序

附录 "挑战自我"的答案

01

第 1 章
安 装

在我们开始编程探险之前，你必须在计算机上安装 Python。如果你已经熟悉了你的操作系统，可能注意到 Python 已经安装了——对于 MacOS 和大部分 Linux 发行版本都是如此。但是，操作系统中自带的 Python 版本往往已经老旧过时，我们想要的是最新、最好的版本。

注意，Python 的使用和分享是完全免费的；它是一个开源软件，所以任何人都可以看到它的源代码（人类可以理解的"菜谱"），也可以对其进行修改并发回给开发者。在读完本书时，你可能会对 Python 的工作原理感兴趣，甚至想为这种语言增加新功能！如果需要这么做，可以在 Python 官网上获取它的正式许可。

如果你对免费和开源软件的世界完全陌生，可能会感到疑惑，为什么像 Python 这样功能强大、应用广泛的软件是完全免费的？开发者不想从中赚钱吗？

谁会在没有任何利益回报的情况下完成这些工作？其实，在开源领域，核心产品通常都是免费的，然后开发者通过销售附加解决方案、文档和服务营利。以 Linux 为例：其使用和共享是完全免费的，但是像 Canonical、Red Hat 和 Google（看看 Android）这些公司都是以它为基础，增加付费功能和支持合同，从中赚取大量利润，足以供养开发者。

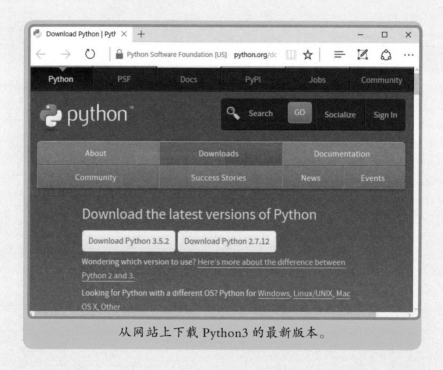

从网站上下载 Python3 的最新版本。

1.1 如何安装 Python

无论如何，我们先要安装 Python。因为 Windows、Linux 和 MacOS 有很多不同的版本，难以在一个小节中介绍所有可能的组合——详尽的介绍需要半本书的篇幅。所以，我们在此介绍适用于 99% 用户的基本方法，如果你的电脑恰好有一个定制的配置，无法成功安装，可以寻求专业人士的帮忙。

1.1.1 在 Windows 上安装

在本例中，我们将使用 Windows 10 版本，但是对于其他版本的 Windows 系统，安装过程应该相同（或者非常相似）。首先，进入 Python 官网的下载界面，单击黄色的"Download Python 3.x"按钮（其中的".x"是最新的版本号）。因为我们在本书中将使用 Python 3，所以一定要下载该版本，而不是 Python 2、Python 4 或者当你阅读本书时发行的其他任何一个版本！

然后，你会进入一个新的页面，该页面列出了 Windows 版本的各种下载信息。滚动鼠标使页面向下到 Files 部分，单击"Windows x86-64 executable installer"（适合 CPU 和 Windows 版本是 64 位的计算机，最新的 PC 都是这种配置）或者"Windows x86 executable installer"（以前的 32 位 PC）。选择将文件（大小约 30MB）保存到硬盘。

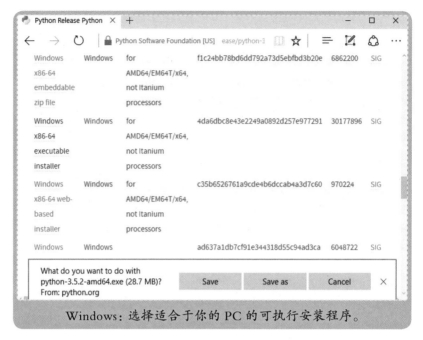

Windows：选择适合于你的 PC 的可执行安装程序。

下载完成后，用 Windows 资源管理器浏览到保存该文件的文件夹（如 Downloads 目录），并双击该文件。如果看到确认是否运行的提示，只需要单击"Run"（运行）按扭，安装程序窗口就会出现。

注意：在安装期间要检查"Add Python 3.x to PATH"选项是否被选中。

注意：在安装界面的下方有一个"Add Python 3.x to PATH'"复选框，你必须选中这个复选框，确保可以从命令行运行 Python 程序。

在选中复选框的情况下，单击"Install Now"，文件将被复制到硬盘上。安装结束后，单击"Close"退出安装程序——安装就完成了！现在，你可以删除下载的安装文件，进入下一小节，学习如何运行 Python 程序。

1.1.2 在 MacOS 上安装

如果你使用的是 Mac 计算机，就可以直接使用 Python，但是版本很老（通常是 2.7）。在本书中我们将使用 Python 3，这个版本具有许多实用功能，所以你需要人工下载该版本。放心，这不是一个很艰巨的任务。

首先，进入 Python 官网的下载界面，你应该会看到 MacOS 最新版本的下载按钮。单击"Download Python 3"，将开始下载一个大小约为 25MB 的 .pkg 文件。下载完成后，在 Finder 程序中（例如 Downloads 文件夹）找到 .pkg 文件，双击启动安装过程。

单击"Continue"，将会显示一个发行技术说明，现在无须关心这些，只须单击"Continue"，确认同意许可（如前所述，Python 是开源软件，所有使用都是免费的）。然后单击"Install"，将文件复制到硬盘，此时系统可能会询问你的密码。待 Python 3 被安装在系统上后，你可以关闭安装窗口，删除下载的安装文件。

1.1.3 在 Linux 上安装

对于 Linux 用户有个好消息：在近几年发行的主要 Liunx 版本上，Python 3 都已默认安装。请检查自己的电脑是否已安装 Python3！打开命令行窗口（应该出现在程序菜单的位置），根据安装的桌面环境的不同，该窗口通常被称为 Terminal、XTerm 或者 Konsole。

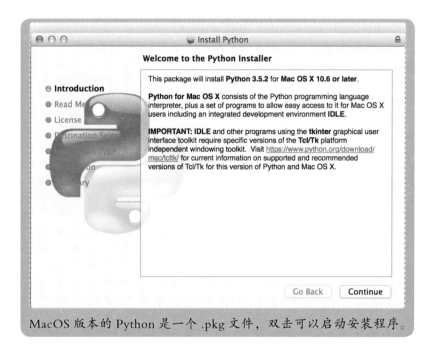

MacOS 版本的 Python 是一个 .pkg 文件，双击可以启动安装程序。

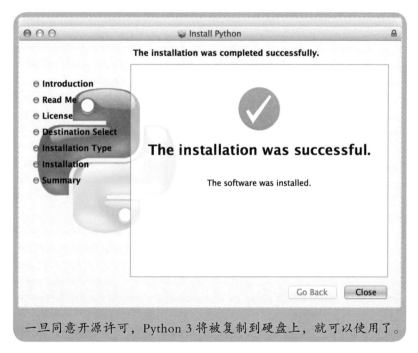

一旦同意开源许可，Python 3 将被复制到硬盘上，就可以使用了。

现在，在命令提示符下输入"python3"，看看会发生什么。如果一切顺利，你将看到完整的版本号信息，如：

```
Python 3.4.2 (default, Oct 19 2014, 13:31:11)
[GCC 4.9.1] on linux
Type "help", "copyright", "credits" or "license" for more ↵
information.
>>>
```

恭喜你，你已经完成使用 Python 的所有准备工作！ ">>>"是开始输入 Python 命令的提示符，不过我们现在还不需要它。按下"Ctrl+D"退出 Python，返回命令提示符，然后可以关闭该窗口。

如果你没有看到上述信息，而是接收到一个错误信息提示，那就意味着该电脑没有安装 Python 3。每种 Linux 发行版本都有自己的软件安装方法，所以在软件包管理器中寻找 Python 3 并安装即可。如果仍有困难，可以搜索发行版本的网站，或者在 Linuxquestions 论坛上进行提问。

如果你有一套闲置的树莓派，可以用它来学习 Python！

1.1.4　在树莓派上安装

树莓派可作为很好的小型 Python 开发工具。在树莓派上最常用的 Linux 发行版本 Raspbian 经常更新，所以在你阅读本书时树莓派可能已经包含 Python 3，只需要按照前一节的方法输入"python3"检验即可。如果你使用的是带有 Python 2 的旧版 Raspbian，可以在终端窗口输入如下命令，安装所需的新版本。

```
sudo apt-get install python3
```

系统将提示输入密码，然后它会从网上下载 Python 3 的安装包。最后，你可以通过输入"python3"来检查安装是否正确。

1.2　编写和运行程序

你几乎已经为开始学习 Python 做好了准备，在本书的余下部分中，我们将集中介绍这种编程语言，而不是操作系统之间的微小差别。所以，在此我们将简单地说明编写和运行 Python 程序的方法，这些方法可以在你掌握该语言时使用。

从一开始就应该注意的一个要点是：Python 程序是用纯文本编写的。所以，你在编写代码时必须使用纯文本编辑器，而不是文字处理器或者 Web 编辑器之类的程序。文件保存格式为 .txt 的简单文本编辑器是比较理想的选择。

1.2.1　在 Windows 上使用

对于编程初学者来说，编写 Python 代码的最佳工具是值得尊敬的"记事本"文本编辑器。从 1985 年的 Windows 1.0 版本起，每个 Windows 版本都自带这个编辑器。你可以从程序菜单，或者在较新版本的 Windows 上通过搜索栏找到它，启动该编辑器并输入如下文本：

```
print( "Test" )
```

在 Windows 上用记事本编辑 Python 程序，并通过命令提示符运行。

这是一个非常简单的 Python 程序，在屏幕上打印"Test"。将这个文件保存在桌面上，取名为"test.py"（不要使用 .txt 扩展名）。接下来，打开一个命令提示符（也可以在程序菜单或者通过搜索栏找到），输入如下命令：

```
cd desktop
python test.py
```

这些命令将你的当前位置（"cd"是"change directory"的缩写，意为"更改目录"）切换到 Windows 桌面，然后运行 Python，并执行之前保存的"test.py"文件中的内容。如果以后想执行不同的 Python 程序，只需要相应地改变文件名即可。一切顺利的话，你将看到屏幕截图中的结果——命令提示符窗口中应该显示"Test"。

注意，你可以保持记事本处于打开状态，以便编辑你的"test.py"文件。同时，保持命令提示符窗口打开，以便在每次保存程序之后都可以运行。在命令提示符中，你也可以使用向上箭头显示之前输入的命令，这样就可以重新使用"python test.py"命令，而不用每次都重新输入。

如果遇到问题，可能是因为在安装时没有选中"Add Python 3.x to

PATH"复选框，那么可以先卸载程序并按照前面提供的步骤重新进行安装。如果仍然不能解决，发电子邮件给我们（codingmanual@haynes.co.uk），我们将尽力相助。

1.2.2 在 MacOS 上使用

苹果的 MacOS 系统包含了一个简单且相当不错的文本编辑器——TextEdit，我们可以用它来编写 Python 程序。从 Finder 程序（在 Applications 文件夹中）或者通过 Spotlight 启动它，并输入如下文本：

```
print( "Test" )
```

Python 程序必须保存为纯文本格式，但是你的 TextEdit 版本可能配置为更复杂的格式，附加了我们不需要的其他功能。在菜单中，进入 Format（格式）选项，检查靠近顶部处是否有一个 Make Plain Text 按扭。如果有，请单击它，删除格式化工具栏，你看到的将都是纯文本格式，这正是我们想要的（为了避免每次编写 Python 程序时都要这么做，进入菜单中的 TextEdit > Preferences，在顶部的 Format 选项下选择"Plain text"）。

接下来，将文件保存在桌面上，取名为"test.py"（没有 .txt 扩展名）。然后从 Applications 文件夹（在 Utilities 中）或者通过 Spotlight 打开 Terminal（终端）程序，使用 MacOS 的命令行。输入如下命令：

```
cd Desktop
python3 test.py
```

上述命令将你的当前位置（"cd"意为"更改目录"）切换到 MacOS 的桌面文件夹，然后运行 Python 3，告诉它执行我们之前保存在"test.py"文件中的内容。如果未来想执行不同的 Python 程序，只需要相应地改变文件名。一切顺利的话，你将看到屏幕截图中的结果。如果结果不像预期的那样，可以发邮件给我们（codingmanual@haynes.co.uk），我们将尽力相助。

在 MacOS 的 TextEdit 程序中编辑 Python 程序，并从终端运行。

1.2.3 在 Linux（包括树莓派）上使用

各个 Linux 发行版本在包含的程序和可用的桌面环境上差别很大，所以我们无法具体介绍。但是你需要的东西有两样：文本编辑器和命令行（一般通过"终端"程序打开），你应该可以在程序菜单中找到它们。在文本编辑器中，创建包含如下内容的文件：

```
print("Test")
```

将其保存在桌面上，取名为"test.py"。然后打开终端窗口，输入如下命令：

```
cd Desktop
python3 test.py
```

一切顺利的话，屏幕上将显示"Test"。否则，你可能需要特定的 Linux 发行版本的使用指南，可以尝试在发行版本的网站上查找，或者在 Linuxquestions 论坛上提问。

在树莓派的桌面模式中，操作过程相似。但是如果通过 SSH 访问网络上的树莓派，可以使用 Nano 文本编辑器编写和保存程序。要学习如何使用 Nano，可以在网上搜索相关的学习指南。

文本编辑器的选择

我们已经介绍了操作系统默认包含的简单文本编辑器，但是随着 Python 的发展，你可能需要研究具有更高级功能的其他编辑器。这些功能包含语法高亮显示（这样你的代码看起来颜色会很鲜艳，也更容易阅读，就像本书中的程序清单那样）、自动完成（这样你就不用每次都输入完整的命令）以及其他好用的功能。对于 Windows 用户，我们建议使用 Notepad++，这是一个为程序员设计的免费开源编辑器。如果你使用 Mac 系统，可以选择 Sublime Text 和 SlickEdit。在 Linux 上，最流行的两个高级编辑器是 Emacs 和 Vim——你可以在软件包管理器中找到它们。这需要花一点时间学习，你可以参考一些在线教程，但是这种学习是值得的。

1.3　错误信息的含义

现在，你已经设置好编写、保存和运行 Python 程序的环境了。但是，在我们开始编程之前，让我们先了解一些常见的错误信息提示，以便知道在未来如何处理它们。首先：

```
can't open file 'test.py': [Errno 2] No such file or directory
```

这意味着 Python 无法找到你指定的文件，在本例中是"test.py"。你可能根本没有保存文件"test.py"，又或者文件使用了不同的名称，如"test.py.txt"，或者没有在保存文件的目录中运行 Python（记住用前面介绍的"cd"命令，转到"test.py"文件所在的位置）。

如果你在进入保存该文件的目录时碰到麻烦，可以在网上搜索，找到特定操作系统中关于命令行的介绍。但是，你最终应该只需要在运行 Python 之前使用"cd"命令。

```
SyntaxError: unexpected character after line continuation character
```

在这种情况下，你可能没有将 Python 程序保存为纯（ASCII）文本，而是一种特定的文字处理器格式，如富文本格式或者办公软件的特殊格式。一定要确保 Python 程序保存为纯文本格式。

```
can't open file 'test.py': [Errno 13] Permission denied
```

这种情况应该很少发生，但是确实存在，你没有所创建的"test.py"文件的读取权限。你需要使用操作系统的文件管理器，启用你所登录用户的读取权限——细节可以参见操作系统的使用文档。

02

第 2 章
Python 基础知识

准备好编辑器和命令行后，你无疑会因为想要开始编程而手痒难耐。在本书中，我们将专注于编程的实用方面——真正完成任务。当然，你在过程中还将学到许多理论和背景知识。但是，和落满灰尘的旧教科书（就像你在学校里可能会看到的那样）不同，在学习真实代码之前，我们不会连篇累牍地解释抽象概念。

最好的学习方法应该是实际去做。所以在本书中，首先给出的是代码实例，给你充分的时间进行探索和尝试，然后再详细解说，让你能够完全熟悉发生的情况。

自己实践这些代码也是个好主意——尝试做些修改、重新编排代码行等。最糟糕的情况也不过是你的 Python 程序无法运行！让我们开始动手吧。

2.1　在屏幕上打印文本

这是你的第一个 Python 程序——虽然严格地说，这不是第一个了，因为之前你在测试 Python 是否安装成功时已经写了一个程序。但是，这将是真正开始编写程序的起点。

▶ 程序清单 1：

格式说明：左侧是行号，在本书中使用只是为了参考，你不应该将其插入到 Python 代码中。所以，你所需要的就是以"print"开始、以右括号结束的代码行。

虽然我们鼓励你输入和尝试本书中的程序清单，但是我们理解，你可能只想要某些例子的原始代码清单，它们都可以通过扫描本书封底上的二维码获取。例如，这里的程序清单 1 可以在"listing1.py"中找到。

无论如何，先回到代码上来，程序清单 1 是一个简单的程序，可以在屏幕上打印一些文本。将其保存到你的"test.py"文件中并运行，正如预期情况，屏幕上出现了"Hello，world"。但是，从我们在文本编辑器中进行输入到一串字符出现在屏幕上，这个过程发生了什么呢？

这是我们的第一个 Python 程序。
编程之旅开始了!

当我们运行 Python 和 "test.py" 文件时,Python 解释程序启动,查看文件内容。之所以称它为解释程序,是因为它通过扫描人类可读的源代码文件,了解要做的事情,然后告诉操作系统怎么做。如果我们想直接告诉操作系统(甚至是硬件)在屏幕上输出文本,那将非常复杂,但是 Python 为我们做了这些麻烦的工作。

我们的程序包含两部分：一条 Python 命令"print"，以及我们提供给"print"命令的信息——参数。这里的括号用来说明哪些信息是打印命令的一部分，如果没有它们，我们可能无法确定哪些文本属于哪条命令。

在这里，我们对 Python 说：希望你打印点东西，打印的内容在括号里。注意，我们用引号表示想要逐字打印"一行"或者"一串"文本，如果去掉引号，意义就大不相同了，很快我们将进行详细的说明。

在 Python 中，每条命令都各占一行。你可以加入任意数量的命令。例如，我们可以将上述程序分为两部分。

> **提 示**
>
> 你可能觉得疑惑，为什么命令是"print"（打印），而不是更合理的"display"（显示）。毕竟，我们没有打印输出任何东西！这主要是历史原因，许多给 Python 带来启发的程序语言出现在 20 世纪 60 年代和 70 年代，当时图形显示器还不那么常见，开发人员使用老式的电传打字机设备，将文本打印在纸卷上。

程序清单 2：

```
1   print("Hello,")

2   print("world!")
```

在这里，程序的长度增加了一倍。现在，每个单词打印在单独的一行里，我们将在后面加以处理。

2.2 什么是变量？

迄今为止，编程中最有用、最重要的元素就是变量。顾名思义，变量就是可以变化的东西——但是这并没有真正说明它的含义。简单地说，变量是计算机内存中的一个存储空间，用于储存经常变化的东西。例如你的钱包，具体地说，就是钱包里的钱数。我们可以将钱包描述为一个变量，有时候里面有 20 元，也可能有 200 元。钱包里的钱数会变化，但是存储空间（即钱包本身）始终保持不变。

现在，我们来看看在 Python 中变量是如何工作的。

➡ **程序清单 3：**

赋值运算符

```
1   wallet = 10
2   print(wallet)
3   wallet = 2000
4   print(wallet)
```

在程序清单 3 的第 1 行中，我们创建了一个新变量——计算机内存中的新存储空间，名称为"wallet"（钱包）。在同一行中使用了"="（等号），它也被称为赋值运算符，我们用它告诉 Python，"wallet"变量中应该保存数字 10。接着，在第 2 行中，我们使用现在已经很熟悉的"print"命令，将"wallet"变量的内容显示在屏幕上。

但是，这一次我们不使用任何引号。为什么？因为，我们这一次不需要打印特定的文本，我们并不是真想在屏幕上打印"wallet"一词（如果想这么做，就需要和前面一样使用引号），我们想要打印的是"wallet"变量的内容，所以只使用变量名。

第 2 行代码在屏幕上显示数字 10。在第 3 行中我们看到，在变量创建之后便可以一直使用。对我们来说，"wallet"变量在程序结束之前一直可用，所以可以用它保存其他数字。第 3 行更新了"wallet"，使其包含更大的数 2000；在第 4 行中，我们将这个数字打印到屏幕上。

> **提 示**
>
> 　当你创建变量时，可以为它们取几乎任何名称，只有少数限制——必须以字母而不是数字开始，不能与 Python 中使用的其他任何命令和关键字冲突。例如，你不能创建一个名为"print"的变量，因为它已经用于显示文本。

前面我们讨论了使用 Python 命令时括号的重要性——它用于表示属于特定命令的信息，现在来看看程序清单 4 中的内容。

⬤▶ 程序清单 4：

```
1    wallet = 10
2    purse = 50
3    print(wallet, purse)
```

在此，你可以看到我们创建了两个新变量："wallet"和"purse"，然后分别告诉它们保存数字 10 和 50。在第 3 行中，我们向 Python 的"print"命令提供了多个参数（信息），并用逗号进行分隔，Python 在运行程序时将在屏幕上显示"10　50"。在本书中你将会看到，我们常常为命令提供许多信息，它们都被整齐地放在括号中，并用逗号分隔开。

目前为止，我们只是在变量中放入数值，但是也可以将一些文本（即字符串）放到变量中。这时又要用到引号了，你认为程序清单 5 会有什么结果？

➡ **程序清单 5：**

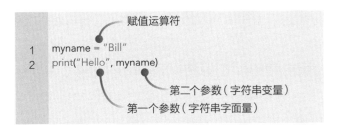

在这里，我们告诉 Python 创建一个名为"myname"的新变量，并告诉它保存字符串"Bill"。如果我们在此不使用引号，Python 将会迷惑不解，认为"Bill"是我们还没有使用的另一个变量。但是如果加上引号，很明显我们表示希望保存字符串"Bill"。这样的字符串通常被称作"字符串字面量"。

然后，在第 2 行中，我们告诉"print"显示两个内容：一个是字符串"Hello"，另一个是"myname"变量的内容。结果是屏幕截图中所显示的"Hello Bill"。（这里 Python 在"Hello"的后面添加了一个空格——后面我们会对此做详细的解释）。

在此，我们不是直接打印文本，而是打印变量的内容，如程序清单 5 所示。

2.3　简单数学运算

到目前为止，我们已经使用了"wallet"和"purse"等数字变量，以及"myname"等字符串变量。但是，我们还没有真正使它们产生变化，没有真正利用变量的特性，我们只是在其中放入了一些数据而已。变量只有在你开始操纵它们的时候才真正起作用，例如数学运算。

➡ **程序清单 6:**

```
1    a = 10
2    b = 5
3    c = a + b
4    print(c)
```

你可能已经猜到这里发生的一切，不过我们还是要说明一下。首先，我们创建了两个新的数字变量"a"和"b"，并在其中分别保存了数值 10 和 5。接下来，我们创建了另一个数值变量"c"，并将"a"和"b"相加（使用加号）的结果赋予它。然后，在屏幕上显示"c"的内容——15。

> **提示**
>
> 随着你编写的程序越来越复杂，为变量取有意义的名称就很重要了，例如前面提到的"wallet"。如果你编写的代码很多，而且在以后需要经常用到，那么到时你可能需要重新阅读程序，了解程序的作用。但是，对于简短的程序，变量只是用来测试，像程序清单 6 中那样使用"a"和"b"等名称是没有关系的。

除了刚刚看到的加法外，Python 还有许多其他的数学运算。例如，你可以用程序清单 7 中的变型代替程序清单 6 中第 3 行的内容。

⏩ **程序清单 7：**

```
1  c = a - b
2  c = a * b
3  c = a / b
4  c = a % b
```

第 1 行是一个减法运算，10 减去 5 的结果当然是 5。第 2 行使用一个星号（通常可以用键盘上的 Shift+8 快捷键进行输入）执行乘法运算，结果为 50。第 3 行使用一个正斜杠做除法运算，10 除以 5 的结果为 2。

程序清单 7 的最后一行使用百分比（％）运算符，它有一些特殊。这执行的是一次取模运算，求出完成除法之后的余数。要了解实际的运算情况，可以编辑程序清单 6 的第一行，使变量"a"取 13 而非 10。然后，在第 3 行使用取模运算符（％），运行程序，查看结果。发生了什么？

这一次的答案是 3，取模运算会在执行一次除法之后求出余数。当我们执行 13%5 时，得到商 2 和余数 3。注意，可以将多个数学运算捆绑在一起，但是要小心其顺序。

⏩ **程序清单 8：**

```
1  a = 10
2  b = 5
3  c = 3
4  d = a + b * c
5  print(d)
```

你猜第 4 行中的数学运算结果（保存在变量"d"中）是什么？你可能会说 45，这似乎有道理，毕竟将"a"加上"b"等于 15，再乘上"c"（3），得数就是 45。但是请等等，当你运行这个程序时，将会看到第 5 行打印输出的是 25。

这是由于所谓的"算符优先级"造成的。我们目前还不用考虑这个，但是其根本含义是乘法运算比加法运算更重要（或者更优先）。所以在第 4 行中，Python 决定先进行乘法运算"b*c"，得到结果 15，然后再加上"a"中的 10，从而得出结果 25。

为了解决这个问题，使程序更清晰，我们可以将第一个运算放在括号里。

程序清单 9:

```
4    d = (a + b) * c
```

这样，我们和 Python 解释程序都非常清楚该运算的顺序了——"a"加上"b"的结果乘以"c"，我们得到的是预期中的 45。如果想将一个数字加上变量，有两种方法可以实现，如程序清单 10。

程序清单 10:

```
1    a = 10
2    a = a + 5
3    a += 5
            和第 2 行的作用一样
4    print(a)
```

第 2 行和第 3 行完成相同的工作（第 3 行只是第 2 行的简写版本）：取得"a"的内容，然后加上 5。所以，它们本质上是说："a"现在应该包含它原来保存的数字，但是要在此基础上加 5。

2.4　取得输入

几乎任何有用的程序都包含用户输入，可以通过按键、鼠标或者游戏手柄的动作来完成。除非你只想在屏幕上画出简单的图形，否则就需要以某种方式关联用户，让我们来看看有什么选择。

Python 配备了多条可以用来显示和输入文本的命令，我们已经看到了一个："Print"，从用户那里取得信息的相关命令是"input"。

➡ 程序清单 11：

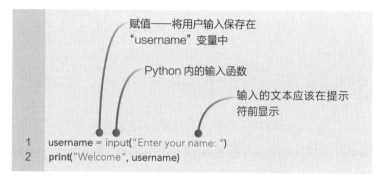

赋值——将用户输入保存在"username"变量中

Python 内的输入函数

输入的文本应该在提示符前显示

```
1   username = input("Enter your name: ")
2   print("Welcome", username)
```

注意，在编程术语中，这些命令被称为"函数"——因为它们比简单的命令更强大、用途更广泛。我们已经看到，可以在"print"函数中使用多个参数（数据块），例如程序清单 5 中的用法。（我们将在后面更详细地介绍函数，包括如何创建自己的函数等）

不管如何，先回到输入的话题：假定我们想要获得用户的姓名，然后用这个名字打印一条欢迎信息，可以使用 Python 内建的"input"函数。

这是 Python 函数将数据发回给我们的第一个例子。之前，当我们使用"print"函数时，只是告诉它做什么，不需要它的任何反馈。但是，在这个例子中，利用"input"函数，我们保存了用户输入的文字。变量是最适合于这项任务的。

图中是我们运行程序清单 11 的结果：系统提示我们输入一个名字，它被保存在一个字符串变量中，然后我们会接收到一条欢迎信息。

在程序清单 11 中，我们创建了一个新的文本变量"username"，然后将"input"函数的结果赋给它。这个输入函数取得一个参数——在提示输入之前显示的一段文本。这样，我们告诉 Python 的"input"函数在屏幕上显示"Enter your name"（输入你的名字），然后等待用户输入并按下 Enter 键。

此后，用户输入的任何内容将被保存在"username"变量中，程序进行到第 2 行。在该行中，我们以和前面类似的方式，打印一段文本，然后是"username"变量。

2.4.1　字符串和数值

当然，你可以在代码中使用多个"input"函数，将结果打印在一起。正如程序清单 12，我们要求用户分别输入名字和姓氏，然后将它们打印在一起。

➡ 程序清单 12：

```
1  firstname = input("Enter your first name: ")
2  lastname = input("Enter your last name: ")
3  print("Welcome", firstname, lastname)
```

值得注意的是，变量是临时存储空间，可以反复使用。随着你的程序变得更长、更复杂，你可能更想要重复使用变量以节约内存空间。

> **提 示**
>
> 当你使用"print"函数、并在参数之间加入逗号时，Python 在屏幕上显示时会在其中自动加入空格，如程序清单 12 所示。如果你不希望如此，可以用加号代替逗号，"firstname, lastname"变成了"firstname+lastname"。这样，结果将按照数据原样显示，没有额外的格式变化。

例如，你可能有一个名为"tmp_string"（临时字符串）的文本变量，用于在进行其他处理之前保存输入。一旦工作完成，你便可以在程序的其他地方使用"tmp_string"，无须每次都创建新的变量。这可以使你的程序更容易理解，也意味着 Python 需要跟踪的零碎信息更少。

回到输入的话题，到目前为止，我们处理的都是字符串，如姓名等，这些用 Python 内建的"input"函数就会处理得很出色。但是，如果我们想使用数字怎么办呢？你认为程序清单 13 有什么问题？

⏩ **程序清单 13:**

```
1   a = input("Enter a number: ")
2   b = input("And another: ")
3   print("The sum is", a + b)
```

这看起来没错，在第 1 行和第 2 行中，我们要求用户输入数值，并分别保存在变量"a"和"b"中。在第 3 行中，我们使用"print"函数显示一条信息，以及"a"和"b"的总和。试试看，在第一个提示后面输入 10，第二个后面输入 20。你看到的信息将是"The sum is 1020"。这完全不对！发生了什么？我们是不是发现了 Python 的一个错误？

并非如此，这是因为 Python 仍然以为我们在使用字符串。当我们输入"10"和"20"时，Python 没有将它们视为真正的数字，而是将其作为字符序列（字符"1"后面跟着"0"，或者"2"后面跟着"0"）来处理。Python 简单地将字符串连接在一起——这在某些情况下很有用。

为了让 Python 知道我们使用的是真正的数字，必须转换"input"函数的结果。Python 有一个专门的转换函数"int"。

⏩ **程序清单 14:**

```
1   first = input("Enter a number: ")
2   second = input("And another: ")
                    将"first"变量中的文本转换为数字并保存在"a"中
3   a = int(first)
                    将"second"变量中的文本转换为数字并保存
                    在"b"中
4   b = int(second)
5   print("The sum is", a + b)
```

在这里，我们要求用户输入两个数值，并保存在变量"first"和"second"中。这时，Python 不知道（或者不关心）我们输入的数据类型，它假定目前的所有输入都是文本。为了改变这种情况，我们使用"int"函数，该函数取得一个参数——字符串变量，并返回一个对应的数字。在第 3 行和第 4 行中，我们创建了两个新变量"a"和"b"，分别用包含在"first"和"second"字符串变量中的真实数字赋值。

> **提 示**
>
> "int"是什么意思？它是"integer"（整数）的缩写，这是一个用于描述整数的数学术语。整数是没有小数点的正数、0 和负数，可用于不需要超高精度的情况。以年龄或者日期为例，你不会说自己今年 42.3 岁，或者现在是 3 月份的第 12.8 天。在这些情况下，整数就能达到效果。

当你运行程序清单 14 时，第 3 行和第 4 行中额外的两个"int"函数完成了将字符串转换成对应数字的工作。然后，在第 5 行的"print"函数中，我们得到了真正的数学运算结果，而不是仅将两个字符串连接在一起。另一类常常使用的数值是浮点数，它和整数一样，但是小数点后有数值，例如 3.14159。Python 中也可以使用这类数值，但是你需要明确地告诉 Python 数值的类型。例如，在程序清单 14 中，你把第 3 行和第 4 行中的"int"改成"float"，然后就可以使用有小数点的数字了。

2.4.2 函数中的函数

到目前为止，我们按照最原始的方式使用函数"print""input"和"int"。但是，实际上还可以将一个函数的结果直接提供给另一个函数，不需要再使用额外的变量。

例如，回顾程序清单 14，如果我们可以直接将第 1 行和第 2 行中"input"函数的结果转换为数值，而不需要创建额外的"a"和"b"变量，不是更好吗？这当然是可能的，如程序清单 15。

➡ 程序清单 15：

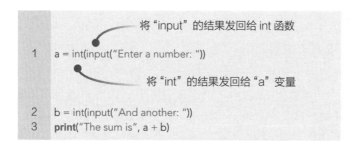

将"input"的结果发回给 int 函数

```
1   a = int(input("Enter a number: "))
```

将"int"的结果发回给"a"变量

```
2   b = int(input("And another: "))
3   print("The sum is", a + b)
```

这是目前为止我们看到的最复杂的程序了，因为到处都是括号，看上去可能令人有点困惑。为了弄清它的工作原理，让我们通读第 1 行——从右到左，这也是 Python 的处理方式。

Python 首先以我们指定的字符串运行"input"函数。但是，我们没有像程序清单 14 一样，将"input"的结果直接赋给一个变量，而是将其直接传递给另一个函数"int"。这样，你可以看到行末的两个括号有效地将"input"函数包括在"int"函数内。在这里我们同时使用了两个函数，因此在行末有两个右括号。

```
C:\Users\mike\Desktop\codingmanual>
python listing15.py
Enter a number: 10
And another: 50
The sum is 60

C:\Users\mike\Desktop\codingmanual>
```

程序清单 15 说明了如何将多个字符串输入
转换成整数，并显示它们的总和。

"int"函数处理"input"的结果是将字符串转换成一个整数，然后程序再将"int"函数的结果保存在变量"a"中。在第 2 行中，对第二个数字重复该过程，然后在第 3 行中打印这两个数字的和。

> **提 示**
>
> 　　如果在运行像程序清单 15 这样的组合函数的程序时出现错误，请检查使用的括号数量是否正确。例如，如果在一行中有两个左括号，就应该在这一行的某处有两个右括号。即使有经验的程序员有时候也会忘了在结束一行时使用正确数量的括号，所以如果发现错误，首先应该检查这一项！

　　将一个函数的结果提供给另一个函数是 Python 中的常见做法，在大部分其他编程语言中也是如此，所以这是一项非常有用的技术。就像学习一门外语，你可能需要改变思维方式，但是很快就会习惯。

为代码加上注释

　　在本书中，我们使用箭头和解释来描述程序清单中发生的情况。但是，在你编写自己的程序时，可能也想要留下自己的注解和想法，这样可以在以后回顾时理解这些代码的意图。

　　在编程语言中，这些注解（也被称为"注释"）对程序的运行毫无影响，Python 完全忽略它们。

　　以程序清单 14 中的第 3 行为例：

```
a = int(first)
```

　　这是一段很简单的代码，让我们想象一下，在这里添加一条注释，以便回顾时能明白它的作用。我们可以使用"#"号，如：

```
a = int(first) # 将 "first" 字符串转换成数字
```

　　Python 看到"#"号，会立刻忽略从此处到行末的文本，然后按照常规继续处理下一行。你可以像上面的例子一样，将注释放在代码后面；不过，如果注释较多，也可以将它另起一行，描述后面的代码。

　　注释不仅对存档代码的重新查看有用，对其他人也很有帮助。如果你编写了一个较大的程序，想和其他人分享 Python 代码，以便修复缺陷得到改进，好的注释能够帮助其他人理解你的意图。不要只是描述自己想要做什么，还要说明为什么这么做。

挑战自我

在本书每一部分的最后，我们将提出几个问题，以便你检查自己是否真正理解了所有要点。如果有疑问，只需回到对应的小节中，再读一遍！在后面的附录中，你可以找到所有问题的答案。

1. 变量名称有什么限制？

2. 如果变量"a"是包含"123"的字符串，如何将其转换成数字并保存在变量"b"中？

3. 什么是浮点数？

4. "a=a+5"的简写方式是什么？

5. Python 如何解读"10 + 5 * 3"？

03

第 3 章
改变程序流程

现在，你已经知道如何编写和运行具有多种功能的 Python 程序了，比如在屏幕上显示文本、从用户那里获得输入、处理变量和执行数学运算。这些都是编程旅行中重要的开始，现在我们要进入一个新阶段了：根据变量的内容，改变程序的工作方式。

迄今为止，编写的程序还只是提供给 Python 解释程序的一系列命令。在本章中，你将学习如何根据不同的"条件"，跳转到程序的不同部分，以便利用用户的输入做更多有趣的事情。你还将学到如何自动重复整组命令，让 Python 代替你做一些枯燥的事情。

3.1 Python 的"如果"和"但是"

生活里充满了"如果"。如果天气好，我会出去走一走。如果我有足够的钱，我会买一台漂亮的笔记本电脑。如果我学习 Python，我会尝试程序员的工作。这些都是"条件"——我们据此行动的某种状态或者场合。不过，我们常常在日常生活中组合多种条件：如果天气好，我会出去走一走；在散步的过程中，如果带有足够的钱，我会买个冰淇淋。

在编程中也是如此：Python（和大部分其他语言）通过大量"if"命令决定所要完成的任务。让我们在程序清单 16 中看看它的实际应用。

▥ 程序清单 16：

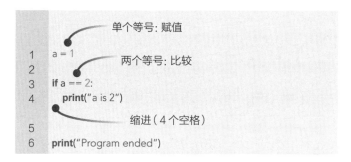

这个简短的程序引入了一组新概念，让我们仔细研究一下。你已经知道第 1 行完成的任务是创建一个变量"a"，并在其中放入数值 1。第 2 行是空白（在下面的提示中做了解释），然后在第 3 行我们第一次遇到了 Python 的"if"命令。

我们需要检查变量"a"的内容是否等于数值 2，但是为什么用了两个等号？

> **提 示**
>
> 在程序清单 16 中，你会注意到第 2 行是空白，这是什么用意？它对程序没有任何影响，只是帮助分开代码的不同部分。在"if"部分（以及我们后面将要介绍的代码循环）的周围放上空白行可以将其与其他代码块区分开来，使程序更清晰。

我们不能像第 1 行那样使用单个等号吗？是的，不能。你已经知道，单个等号意味着赋值——在变量中放入一个数值或者字符串。

如果在第 3 行中使用单个等号，那我们到底是想要执行一次赋值（在 "a" 中放入数值 2）还是执行一次比较就不清晰了。确实，如果只有一个等号，Python 就会想：这个 "if" 代码行是要检查赋值是不是有效吗？Python 对此不确定，于是会显示一条错误信息。

3.1.1　我们的第一个代码块

每当我们执行一次比较，检查左侧的变量是否匹配右侧的数值或者变量时，都要使用两个等号。冒号（：）用来结束 "if" 代码行，这个符号告诉 Python 为一组新的代码（也称为 "代码块"）做好准备，并且这组代码只在 "if" 条件为真时运行。

为了告诉 Python 哪些代码属于特定的 "if" 条件，我们使用缩进的方式，将代码稍微向右移动。这样的代码会更容易理解，Python 也能更清晰地知道这些代码属于哪个代码块。因此，在第 4 行中，我们在 "print" 指令前加了 4 个空格，表明这一行只在 "a" 包含数值 2 时运行。

缩进：制表符与空格

在本书中，我们使用 4 个空格缩进代码，这也是 Python 开发者建议的方式。但是，有些编码人员偏爱使用制表符，在大部分文本编辑器中，制表符一般是 8 个空格。如果你更喜欢使用制表符也没关系，最重要的是要保持一致！不要在同一个代码块中混用制表符和空格。

顺便提一下，编码风格不仅在 Python 程序员中是一个充满争议的问题，在许多其他编码语言中也是如此。是否应该在变量名中使用大写字母？是否应该将长的注释分成多行？代码行应该控制在多长才不会难以处理？这些问题（以及其他疑惑）的 Python 官方解释可以参见 Python 官方网站的编码风格指南，它包含了许多我们还没有提及的问题，值得收入书签，供以后参考。

在第 6 行，我们使用一个单独的 "print" 指令，但是因为没有用空格缩进，所以不属于 "if" 代码块的一部分，Python 将始终执行它。尝试运行该程序，它将显示第 6 行的文本。然后编辑第 1 行，使 "a" 在开始时包含数值 2，再次运行程序，这一次第 4 行中的 "print" 指令也将被执行。

3.1.2　多重比较

在前一个程序中，我们是将一个变量与一个数值进行比较，其实也可以比较字符串。在此基础上，我们可以将"if"代码块放在另一个代码块内。程序清单 17 展示了这项功能。

⏩ **程序清单 17：**

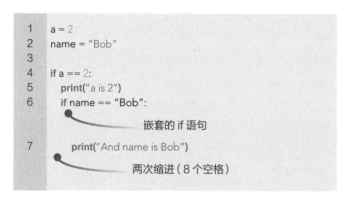

```
1    a = 2
2    name = "Bob"
3
4    if a == 2:
5        print("a is 2")
6        if name == "Bob":
                          嵌套的 if 语句
7            print("And name is Bob")
                          两次缩进（8 个空格）
```

在此，我们第一次碰到了"嵌套的 if 语句"，也就是一个"if"语句在另一个"if"语句内。当我们运行这个程序时，Python 在第 4 行检查"a"变量是否包含数值 2。以下缩进的所有代码作为一个代码块，明确表明它们属于第 4 行的"if"语句。

看看在第 6 行发生了什么情况：我们引入了另一条"if"语句，它将"name"变量与字符串"Bob"相比较。如果该条件为真，程序将开启属于第 6 行"if"语句的新代码块。此处使用另一级别的缩进——8 个空格而不是 4 个空格。然后，在第 7 行打印信息。

这里的缩进表明第 6 行的"if"是从第 4 行的"if"开始的代码块的一部分。所以，如果"a"不包含 2，Python 将不会关注后面缩进的代码行。由于这些代码行后没有任何内容，Python 将结束程序。如果"a"包含 2，则第 6 行的"if"比较将会执行。如果条件也相符，程序中的两条"print"指令都将执行。下面的流程图说明了所发生的情况。

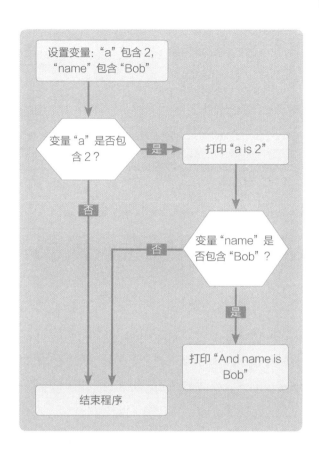

3.1.3 大于、小于、等于还是不等于?

我们已经知道,比较运算符"=="是检查两个事物是否相同,但是还有其他一些选项,例如数值。你可能不是想检查一个变量是否包含某个数值,而是希望知道变量是否大于或者小于该数值。程序清单 18 中使用了">"符号来检查一个变量是否大于指定的数值。

⏩ **程序清单 18:**

```
1    a = int(input("Enter a number: "))
2                    大于运算符
3    if a > 5:
4        print("a is bigger than 5")
```

当我们运行程序清单 18 时，"a is bigger than..."的消息只有在我们输入的数值大于 5 时才会显示。

这里，我们要求用户输入一个数，然后再将字符串转换成数值，在第 3 行执行比较。在本例中，如果变量"a"大于 5，则执行后面缩进的代码块；如果"a"等于或者小于 5，就跳过缩进的代码块（程序结束）。

程序清单 19 展示了代码可以执行的其他比较方法，右边的注释解释了具体的含义。

➡ 程序清单 19:

```
1   if a < 5: # 小于
2   if a >= 5: # 大于或等于
3   if a <= 5: # 小于或等于
```

如果你执行第 2 行中的比较，并且"a"包含 5 或者更大的值，则后面缩进块中的代码将被执行。

有时候，你可能对比较是否匹配和大于、小于关系不感兴趣，而只想知道它跟某些东西不相等。在 Python 中，可以使用"! ="（感叹号加上等号）运算符执行该比较。

程序清单 20:

```
1  a = int(input("Enter the number 3: "))
2              "不等于"运算符
3  if a != 3:
4      print("That was not 3!")
```

这里，我们首先要求用户输入一个数值，并像往常那样把它转换成整数。然后进行一次测试：如果用户输入任何不为 3 的数字，则打印一条信息。如果用户真的输入 3，那么第 4 行（或者后面任何缩进的代码行）将不会执行。

3.2 更多条件语句

回到程序清单 17，我们在一个"if"语句中嵌入了另一个"if"语句，用来检查两个条件是否为真。但是想象一下，如果需要检查 3 个或者 4 个，甚至更多个条件，应该怎么做呢？如果你将它们互相嵌套，将需要很多缩进，代码看上去会有些古怪。

幸运的是，可以在条件语句中使用"and"和"or"运算符，以便更优雅地处理这些问题。例如，下面是程序清单 17 的一个变型，其中我们巧妙地使用"and"，将两个比较连接在一起。

程序清单 21:

```
1  a = 2
2  name = "Bob"
3              将两个"if"语句组合成一个
4  if a == 2 and name == "Bob":
5      print("a is 2")
6      print("And name is Bob")
```

在这个例子中，我们在第 4 行进行两个比较：只有在"a"包含 2 且"name"包含"Bob"的情况下，Python 才执行以下缩进的代码。因为这是在一次"if"操作中完成的，我们不需要单独检查多个级别的缩进。这样代码就整齐多了，不是吗？

下面介绍与"and"类似的"or"运算符。观察程序清单 22，看看能不能发现什么变化。

➭ 程序清单 22:

```
1    a = 9000
2    name = "Bob"
3                      如果比较中的一个（或者两个）为
                       真，则"if"操作成功
4    if a == 2 or name == "Bob":
5        print("a is 2")
6        print("Or name is Bob")
```

在这个例子中，我们使"a"包含数值 9000，所以第 4 行中的"a==2"当然不会匹配。不过，在第 4 行中我们使用了"or"，所以 Python 只关心比较中是否有一个为真。因为"name"包含"Bob"，两个比较中有一个匹配，所以后面缩进的代码块得以执行。

组合多个"if"操作的另一种方法是使用"elif"，它是"else if"的简写。它的含义是如果第一个"if"操作没有成功，则尝试另一个"if"语句。举个例子，假定我们有一个处理体育比赛成绩、并给出相应等级的程序，如果运动员获得 50 或者更高的分数，他（她）将得到一个"A"。以此类推，40~49 为"B"，更低的为"C"。

链接和组织比较

在程序清单 21 和程序清单 22 中，我们同时进行了两次比较，但是你可以加入任意数量的"and"和"or"运算符。你还可以使用括号，将多个比较混合在一起，组成相当强大的比较操作。例如：

if (a == 1 **and** b == 2) **or** (x == 3 **and** y == 4):

在这个例子中，将"a"和"b"的比较及"x"和"y"的比较分别合成一组。这样，Python 将这个过程简化为两次操作："a"和"b"是否包含 1 和 2，或者"x"和"y"是否包含 3 和 4。如果你将"a"和"b"更改为其他值，"x"和"y"保持不变，则这个比较仍然为真。反过来，如果保持"a"和"b"包含 1 和 2 不变，但改变"x"和"y"的值，比较也为真。

正如我们前面探索的那样，可以用一系列嵌套的"if"语句或者使用各种"and"和"or"运算符来达到同样的效果。但是，使用"if"和"elif"可以得到真正清晰、容易理解的程序，如程序清单 23。

程序清单 23:

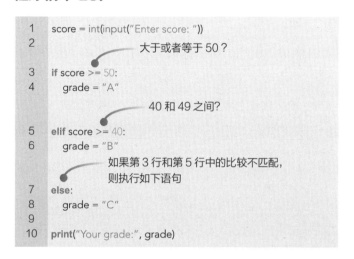

```
1   score = int(input("Enter score: "))
2                              大于或者等于 50？

3   if score >= 50:
4       grade = "A"
                               40 和 49 之间？

5   elif score >= 40:
6       grade = "B"
                       如果第 3 行和第 5 行中的比较不匹配，
                       则执行如下语句
7   else:
8       grade = "C"
9
10  print("Your grade:", grade)
```

```
Command Prompt                    —    □    ×

C:\Users\mike\Desktop\codingmanual>
python listing23.py
Enter score: 10
Your grade: C

C:\Users\mike\Desktop\codingmanual>
python listing23.py
Enter score: 60
Your grade: A

C:\Users\mike\Desktop\codingmanual>
```

在程序清单 23 中，我们用"if""elif"和
"else"来处理各种可能的值。

从用户那里获得成绩之后，程序在第 3 行做的第一件事是检查成绩是否等于或者大于 50。如果是，便将字符"A"赋给新变量"grade"，整个"if"操作结束。Python 不会注意代码块中的其他"elif"或者"else"操作，而

是简单地跳转到下一个与"if"代码块不相关的代码行——第 10 行。

但是，如果第 3 行中的成绩小于 50，我们将在第 5 行传递给 Python 另一个"if"作为替代选择。这个"elif"指令的意思是：第 3 行里的前一个"if"比较不成功，因此我们可以知道成绩不是 50 或者以上。那么，它是不是至少有 40？如果是，将字符"B"赋予变量"grade"，并跳过下面的"else"部分，直接跳转到第 10 行。

现在，如果第 5 行的"elif"也不匹配，我们在第 7 行中用"else"提供了一个默认的等级。放在"if"和"if"操作的后面时，"else"的意思很简单——如果前面的条件都不匹配，则执行以下的缩进代码。所以，这个"else"语句只在成绩低于 40 时执行。下面的流程图说明了这一过程发生的情况。

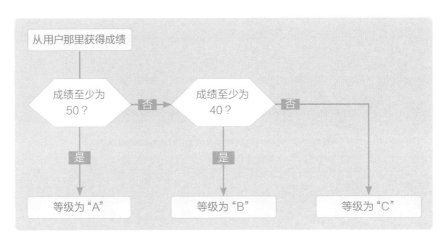

注意：只有在第 3 行中的"if"语句不匹配时，Python 解释程序才会执行第 5 行的"elif"。但是，如果我们在第 5 行用"if"代替"elif"会怎么样呢？这样，它就总是会执行"elif"后面的代码——不管之前发生了什么，因为它启动了一个新的"if"代码块。所以，如果成绩为 80，第 3 行和第 5 行的两个"if"操作都会匹配，等级最终因为最后一条"if"语句而变成"B"。但是，使用"elif"，我们就能确保不少于 50 的成绩得到"A"等级，到第 5 行的"elif"时，成绩绝对为 49 或者更小的数字。

对大小写敏感的文本比较

在本节的前面，我们已经执行了几次字符串比较，例如程序清单 17 中的第 6 行。但是在这些比较中，我们没有检查大小写——也就是说，没有检查是否输入了大写或者小写字母。如果我们更改第 2 行中的代码，将"Bob"改成"bob"（全小写），第 6 行的比较就会不匹配，那么第 7 行就不会执行。Python 在这种情况下对大小写很敏感，我们必须小心。

这种情况有一个解决方案。在"if"比较中，我们可以使用"name"变量的小写版本，与小写的"bob"字符串进行比较，如：

```
if name.lower() == "bob":
```

在"name"变量后面加上".lower()"是一个方法，我们将在本书的后面详细探索该方法的使用技巧。现在，只需要知道它根据"name"的内容，临时生成一个小写字符串用于比较（不会永久地改变变量的内容）。

这样，不管用户输入的是"Bob""BOB"还是"bob"，在这个"if"比较中，都等于输入了"bob"。这使我们更容易根据全小写的字符串进行检查，而不需要对"Bob""bOb"等组合进行单独的检查。

3.3 循环

计算机最擅长的一件事就是一次又一次地重复指令。这不仅是速度问题（尽管计算机处理并进行计算的速度比我们的大脑要快好几个数量级），其主要好处是，计算机不会觉得厌倦。不管工作多么不起眼，也不管你让计算机重复多少次，它都会完成。计算机不会因为失去兴趣而决定处理不同的任务。

如果我们想在 Python 中重复一条指令，或者一个大的指令块，有多种命令和工具可以使用。其中有些只是简单地重复执行指令，直到某个条件符合；还有

一些则执行更加复杂的操作，需要在每次迭代中改变变量。当有一组指令重复执行时，我们将其称为一个"循环"——你很快会了解，我们为什么用这个词。

3.3.1 "while"循环

重复一组指令的最简单方法是使用"while"指令，后面加上一个缩进的代码块。例如，假定我们希望在屏幕上显示数字 1~10。我们可以用 10 条单独的"print"指令完成，但是那太浪费时间了。利用"while"指令，我们便可以用一小段代码完成这项任务，如程序清单 24。

⚫➡ **程序清单 24：**

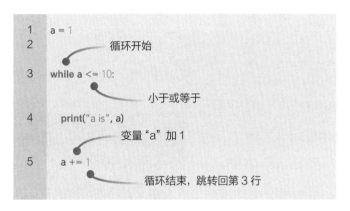

在这段代码中，我们创建了一个变量"a"，并将其值设置为 1。然后，在第 3 行中，我们开始一个新的循环。这一行代码的意思是：当"a"小于或者等于 10 时，执行后面的（缩进）代码块。当这个程序启动时，"a"仅为 1，所以它当然小于或者等于 10。因此，在第 4 行中"a"的内容被打印到屏幕上，并在第 5 行中将"a"加上 1。

但是，当缩进的代码块结束时发生了什么？Python 跳转（或者"循环"）回第 3 行，再次执行检查。这一次"a"为 2，仍然小于 10，所以 Python 又一次执行代码块，并回到循环的开始处。直到"a"为 11，此时第 3 行"while"指令中的条件不匹配，所以代码块不再执行。由于代码块之后没有任何内容，程序结束。这样，我们就实现了在屏幕上打印数字 1~10 的愿望。

程序清单 24 中"while"循环的运行结果，显示数字 1~10。

下面是描述这个循环的流程图。

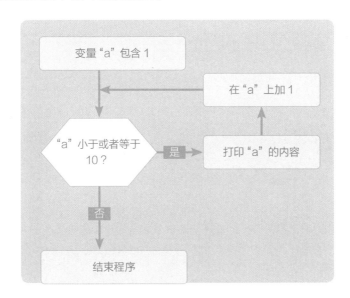

启动一个"while"循环时，你可以使用许多其他的比较，例如程序清单 19 和 20 中的内容。我们可以将程序清单 24 中的"while"代码行从"当'a'小于或者等于 10"替换成"当'a'不为 11"，即将第 3 行改成"while a != 11"，程序仍然输出相同的结果，当"a"中包含 11 时立刻终止程序。

3.3.2 循环内部的检查和循环

可以在一个"while"循环中放入多个"while"循环，或者增加"if"检查语句，以及任何其他 Python 代码。让我们来修改程序清单 24，使其只显示偶数。解决方案之一是使用取模运算执行除法，获得余数。如果我们将"a"除以 2 没有余数，明显表示"a"中包含了一个偶数。新代码在程序清单 25 中。

➡ 程序清单 25:

```
1   a = 1
2
3   while a <= 10:
                        检查"a"除以2的余数是不是0
4       if a % 2 == 0:
5           print("a is", a)
6
7       a += 1
```

第 4 行是魔力所在: 我们将变量"a"的当前内容除以 2，如果没有余数（即为 0），我们就知道"a"是一个偶数。这个程序最终会在屏幕上打印 2、4、6、8、10。

> **提 示**
>
> 在程序清单 25 中，我们为了可读性而将第 6 行留空，说明第 7 行与之前的"if"代码没有任何关系。又因为第 7 行仍然缩进 4 个空格，Python 知道它肯定是整个"while"循环的一部分。

3.3.3 无限循环和跳出

有时候，你可能希望建立一个在明确告诉它停止之前一直执行的循环。我们可以使用"while"语句实现这种循环，只需要给出一个永远为真的条件。要跳出这个"while"循环，我们可以使用"break"指令，如程序清单 26 所示。

程序清单 26：

运行这个程序，它将不断提示你输入一个字符，只有当你输入"q"时才停止。但是，第 1 行中"while 1"是怎么回事？可以将其想象为"while 1 == 1"，因为不管发生什么情况，1 总是等于 1，这个循环始终会执行（"无限循环"）。唯一能够让它停止的方法就是我们在第 5 行使用的"break"指令。

使用"break"指令，当条件匹配时
可以跳出一个无限循环。

3.3.4 "for"循环

另一种循环称为"for"循环，适用于一系列数值或者字符串。对于每个数值或者字符串，"for"执行循环，当系列中没有更多的数值或者字符串时，循环结束。为了实现这种循环，我们必须创建一个特殊类型的变量，包含 Python"列表"（一组数据），如程序清单 27 所示。

➡ 程序清单 27：

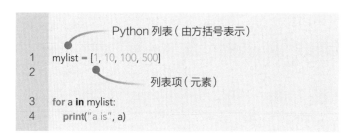

```
Python 列表（由方括号表示）

1   mylist = [1, 10, 100, 500]
2
                列表项（元素）

3   for a in mylist:
4       print("a is", a)
```

　　我们将在本书的后面更详细地介绍列表的功能，现在先简单概述一下它们在"for"循环中的使用。例子中我们创建了一个包含 4 个项目（有时称为"元素"）的新列表，这 4 个项目是数值 1、10、100 和 500。为了告诉 Python 这些项目属于一个列表，我们用方括号包含它们，以逗号进行分隔。接下来在第 3 行中，我们建立一个新的"for"循环。此处创建了一个新变量"a"，Python 对列表中的每个元素执行循环，每次将一个元素复制到"a"中。所以，第一次循环中"a"包含 1，在下一次循环中"a"包含 10，再下一次是 100，最后一次是 500。你可以改变第 1 行中"mylist"的内容，增加或者删除数值，这将改变循环执行的次数。

```
Command Prompt                          —   □   ×

C:\Users\mike\Desktop\codingmanual>python
listing27.py
a is 1
a is 10
a is 100
a is 500

C:\Users\mike\Desktop\codingmanual>
```

程序清单 27 中的"for"循环遍历列
表中的一系列数值或字符串。

如你所见，"for"循环提供了比"while"循环更好的通用性——不仅可以设置循环次数，还可以使用特定的数值。如果你有多个相互对应的列表，例如电子表格，这种功能将特别有用。你可能有一个包含 100 个姓名（列表也可以包含字符串）和 100 个成绩的列表，利用该循环你可以遍历列表，生成对应的等级。

循环的另一个选择：范围

你已经看到，"for"循环可以处理现有的数据列表。但是，当你手上没有任何数据，又希望基于一系列数据执行循环时该怎么办？这时候，Python 的"range"函数非常方便。本质上，"range"函数会实时创建一个数值列表，你可以将这个列表直接用在"for"循环中。在程序清单 28 中我们就这么做了。

➡ 程序清单 28:

```
1   for a in range(1, 11):
2       print("a is", a)
```

这个程序完成的任务和程序清单 24 相同——在屏幕上显示 1~10 的整数，但是程序更短小、精巧。使用"range"函数，我们要提供两个参数——起始数值以及循环结束时的数值加上 1。在每一次循环中，变量"a"会得到一个新的值，从 1 开始，到 10 结束。当 a 包含"11"时，循环立刻结束。

当你使用"range"的两个参数时，变量的内容会在每次循环中递增，所以在前面的例子中，每次循环后"a"就增加 1。不过，你还可以指定第 3 个参数，该参数可用于定义每次循环的增量（每次增加多少）。你认为程序清单 29 实现了什么功能？

➡ 程序清单 29:

```
1   for a in range(1, 11, 3):
2       print("a is", a)
3
4   for b in range(10, 0, -1):
5       print("b is", b)
```

在第一个"for"循环中，我们告诉 Python，在每次循环中为变量"a"加上 3，因此它显示数字 1、4、7、10。在第二个"for"循环中，"range"函数从 10 开始，以 0 结束，使用 −1 的增量，即每次循环中在变量"b"上减去 1。这样，将从 10 到 1 以降序显示。初看这可能有些奇怪，但是你可以尝试不同的数值，观察得到的结果。

挑战自我

1. 将变量与一个数值作比较,哪个形式是正确的,"if a == 2"还是"if a = 2"?

2. 在 Python 中应该使用制表符还是空格进行缩进?

3. "if a <= 5"是什么含义?

4. 在字符串变量名上附加什么,可以执行小写比较?

5. 可以使用哪个命令跳出无限循环?

04

第 4 章
用函数节约时间

在进入第 4 部分时，你的 Python 技能正在不断提高。现在，你能够编写处理不同数据类型的程序（不管是程序内建的数据，还是通过"input"从用户获取的数据），会用"if"操作相应地处理数据。此外，你还可以用不同的循环语句实现重复操作。到目前为止，我们进展顺利，现在是时候探索编程的另一个基本元素了。这个元素适用于大部分语言，它就是函数。

当你开始着手较大的项目时，编程中代码的模块化就至关重要了，函数可以帮助你达到这一目的。这样，你的程序不再是用奇怪的"if""while""for"组成的巨型指令列表，而是分解成可以半独立操作的单独部分。例如，如果你要编写一个程序来处理某项活动在注册时的一些事项，可以将代码分成处理屏幕显示、在驱动器上读写数据等部分。

把这些任务分解成独立的代码块（即函数）后，你就可以分别处理它们，鼓励其他人对其进行优化（不需要知道程序其他部分的工作原理），甚至还可以重复使用你在其他程序中创建的函数。这就是模块化的含义，也是编码中真正节约时间的一种做法。我们已经使用了 Python 的一些内建函数，如"print"和"input"，现在让我们从头开始，创建新的函数吧。

4.1 创建简单函数

理解函数工作原理的最好方法就是观察它实际的运行情况。像往常一样，在文本编辑器中输入程序清单 30 中的代码，保存为"test.py"文件并运行。

⏩ 程序清单 30：

为了创建可用于程序中的函数，我们首先需要定义函数。也就是第 1 行开头的"def"指令。它告诉 Python 创建一个新函数，并为其指定一个名称——"say_hello"。然后，我们还在名称后面用了一对括号，原因很快将会说明。最后，我们以一个冒号结束该行，这表示一个缩进代码块的开始，就像前面看到的"if"操作和"while"循环一样。

在我们的例子中，只是在屏幕上显示一条简单的消息。和所有代码块一样，这里的缩进很关键：函数代码至少使用一级缩进（4 个空格），以区别于其他代码。当然，如果你之后决定在函数中增加"if"操作和循环，就需要相应地增加更多级缩进。我们的"say_hello"函数明显在第 2 行就结束了，因为之后的代码没有缩进。

现在，需要非常注意的一点是，当我们运行这个程序时，Python 不会自动执行函数。我们在第 1 行和第 2 行中所做的就是定义函数，使 Python 知道它的存在。就 Python 而言，我们已经定义了这个函数，可在以后使用，但是我们也可能完全不使用它。如果这个程序在第 2 行结束，运行时什么都不会发生。

所以，在第 4 行上，我们执行（或者"调用"）程序，让 Python 处理它。我们简单地写上函数的名称和括号，当 Python 读到第 4 行时，它会这样想：好了，现在是时候执行前面定义的"say_hello"了。在"say_hello"结束于第 2 行时，Python 将执行从第 5 行开始的主代码，因为这一行没有内容，所以程序便简单地终止了。

```
C:\Users\mike\Desktop\codingmanual>python
listing30.py
Hello!

C:\Users\mike\Desktop\codingmanual>
```

在程序清单 30 中，我们将"print"移到主代码块之外，它成为一个独立的函数。

有时候一个函数还不能达到目的，你可以根据自己的需要定义任意多个函数（直到你的计算机内存耗尽！），并调用任意多次。在程序清单 31 中，我们创建了两个函数，在第二个函数中添加一个循环，以示范多级缩进，然后调用函数 3 次。

程序清单 31：

```
          第一个函数
1  def say_hello():
2    print("Hello!")
          第二个函数
3
4  def count_to_100():
5    for a in range(1, 11):
```

```
6        print(a)
7
8    say_hello()
9    count_to_10()
10   say_hello()
```

从本书的前几章，你已经知道这两个函数中的代码能完成什么任务，所以我们直接跳到第 8 行（函数之外的第 1 行），这也是 Python 开始运行程序的地方。我们首先调用"say_hello"，然后是"count_to_10"，接着再次运行"say_hello"。

我们最终在屏幕上看到"Hello!"，然后是数字 1~10，和再次出现的"Hello!"。这时你可能会想：为什么将不直接运行的函数放在程序的开头？为什么不将主代码放在开头，然后才是函数？好吧，让我们从 Python 解释程序的角度思考一下。如果你将主代码放在开头，那么程序会在开始时就调用"say_hello"，但是 Python 之前从没有见过这个函数。这个函数在哪里？是不是 Python 的内建函数？这个函数在这个代码文件里还是在另一个文件里？

通过将函数定义放在程序开头，Python 立即知道了它们的存在，并记住它们的位置供以后使用。当你在主代码中调用函数时，Python 立刻知道到哪里去寻找这个函数，不需要进行搜索。

我们可以定义多个函数，并任意进行调用，如程序清单 31 所示。

当一个函数调用另一个函数时

一个函数可以调用另一个函数，而且对于我们在本章开始时描述的模块化程序来说，它是鼓励这么做的。当你让一个函数调用另一个函数时，可能接着调用其他的函数，这时候必须密切注意程序的流向。结果往往是会远离主代码，这可能使问题的识别和修复变得艰难！

无论如何，我们要看看实际的运行情况。将程序清单 31 的第 1 行和第 2 行改为：

```
def say_hello():
    count_to_10()
```

现在，再次运行程序清单 31，你会看到数字 1~10 在屏幕上出现了 3 次。"say_hello"除了调用"count_to_10"（将代码的执行定位到另一个函数）之外什么也没做。注意，当"count_to_10"结束后，它会将控制返回给调用它的代码。所以，在"say_hello"内部调用"count_to_10"结束后，执行将跳转到前一个函数。又因为我们在"say_hello"中没有其他操作，执行会接着跳转到主代码（第 9 行）。

你还需要注意无限循环。如果在一个函数中调用自身，Python 会不高兴的：

```
def say_hello():
    say_hello()
```

在这种情况下，Python 将尝试执行"say_hello"一定的次数，直到愤怒地显示"RecursionError: maximum recursion depth exceeded"（超出最大递归深度）之类的错误。为什么会发生这样的情况？这和内存有关，每当程序调用"say_hello"时，Python 便需要记住函数在结束时应该返回的位置。

因为我们不断地在函数内部调用自身，每一次运行都需要记住一些新信息，你的计算机最终会耗光内存，于是 Python 会发出抱怨。（注意，在少数情况下，在函数内部调用自身是有用的，但是这只适用于非常高级的代码，我们不需要那么做。）

4.2　传递参数

到目前为止，我们见到的函数都相当简单：它们只做一件事情，不管如何、何时调用它们，作用都一样。许多函数都是这样，但是如果你可以影响它们的行为，不是更实用吗？如果你可以发送（或者"传递"）一些数据给函数，使其可以处理数据并采取相应的行动，不是很好吗？依靠参数和之前我们在函数定义中使用的括号，这完全可以做到。

在程序清单 32 中，我们给出了第一个可以参数形式从调用代码那里接受一些数据的函数实例。

◆ **程序清单 32：**

在这里，我们定义了一个名为"do_greeting"的函数，该函数取得一个参数，即从调用该函数的代码那里得到的一段数据。因为我们不知道调用代码会发送什么类型的数据，所以创建了一个新变量"name"并把它放在括号中。这实际上是告诉 Python：每当主代码调用"do_greeting"函数时，便将其发送的任何数据都放在"name"变量中。

> **提　示**
>
> 　我们鼓励你尝试和更改本书中的所有程序清单，观察发生的情况。但是要注意，当你尝试程序清单 32 中的代码时，可能忍不住想从"do_greeting"函数的外面使用"name"变量的内容，例如第 4 行之后。这时，你将接收到一个错误信息，因为"name"只能在调用函数的内部访问——我们将在后面解释其中的原因。

在第 2 行，我们简单地打印了一句问候语以及变量的内容，就像在本书前面所做的那样。现在看看第 4 行，这就是我们调用"do_greeting"函数的地方，但是括号中不像前面程序清单中那样什么都没有，这一次我们在其中放入了一个想要发送给函数的字符串。

当 Python 处理这个函数时，它的思维过程是这样的："这里有个函数叫作'do_greeting'，它取得一段我放在'name'变量中的数据，然后打印。但是，程序实际上从哪里开始？哦，在第 4 行，函数外的第一行代码。程序希望我运行'do_greeting'函数，并向它发送文本'Bob'。所以，我应该运行'do_greeting'，并将'Bob'放入'name'变量中。"

4.2.1　变量和多个参数

我们不仅可以像程序清单 32 那样，发送诸如"Bob"文本这样的直接数据，还可以发送变量的内容。程序清单 33 展示了一个例子。

➡️ **程序清单 33:**

```
1    def do_greeting(name):
2        print("Hello", name)
                          字符串变量
3
4    myname = input("Enter your name: ")
5    do_greeting(myname)
                          将"myname"的内容发送给
                          "do_greeting"
```

在这个例子中，我们使用 Python 内建的"input"函数，将用户的姓名保存在"myname"变量中。在第 5 行中，我们将该变量的内容发送到"do_greeting"函数。用户在第 4 行中输入的任何内容最终都会被保存在"do_greeting"函数的"name"变量中。

当函数能够处理多个数据时，它们会变得特别强大。目前，虽然我们的函数只有一个参数（括号中的一个变量），但是还可以增加。看看程序清单 34，它使用了一个可以取得两部分信息的函数。

程序清单 34:

```
              第一个参数
1   def add_numbers(x, y):

2      print("Sum is", x + y)    第二个参数
3
4   a = int(input("Enter a number: "))
5   b = int(input("And another: "))
6
7   add_numbers(a, b)
```

第 1 行是我们对函数的定义，告诉 Python 这个 "add_numbers" 函数应该接受两部分信息，保存在新的 "x" 和 "y" 变量中。虽然这个函数做的工作微不足道——只是将两个数值相加并打印结果——但是它说明了多个参数是如何接收数据并进行处理的。

在第 4 行和第 5 行，我们从用户那里得到两个数值，并保存在变量 "a" 和 "b" 中。然后在第 7 行，我们以 "a" 和 "b" 的内容调用前面定义的 "add_numbers" 函数。当 Python 调用 "add_numbers" 时，"a" 的内容放入 "x" 中，"b" 的内容放入 "y" 中。

```
Command Prompt                    —   □   ×

C:\Users\mike\Desktop\codingmanual>python
listing34.py
Enter a number: 1
And another: 5
Sum is 6

C:\Users\mike\Desktop\codingmanual>python
listing34.py
Enter a number: 50
And another: 200
Sum is 250

C:\Users\mike\Desktop\codingmanual>
```

向一个函数发送多个数据是可能的，
如程序清单 34 所示，我们传递了两个整数。

备份计划：默认参数

这里有一个实用的技巧。当你定义一个新函数并把它接收到的数据放入一个变量中时，可以为该数据设置默认值，以备在调用程序没有明确指定该值时使用。理解这一点的最好方式是观察程序清单35。

➡ 程序清单 35：

```
1   def do_greeting(name = "Unknown user"):
2     print("Hello", name)
3
4   do_greeting("Bob")
5   do_greeting()
```

这和前面看到的程序清单32非常类似，我们已经详细说明了函数定义中参数部分的"name"变量。在这里我们告诉Python：将发送给"do_greeting"的所有数据都放在"name"变量中，但是如果没有发送任何数据，则在"name"变量中放入字符串"Unknown user"。

当第4行的主代码开始执行时，"do_greeting"函数按照计划输出"Hello Bob"。但是在第5行中，我们没有明确地为"do_greeting"提供任何一个字符串（括号中什么内容都没有）。因此，这一次当Python运行"do_greeting"时，该函数发现调用代码没有指定任何参数，便将"Unknown user"放入"name"变量中。

这有什么用呢？默认参数有两个好处。如果你编写的函数在大多数情况下都是处理默认值，只是偶尔需要定制的数据，那么这样建立函数，调用代码就会更短、更清晰（大部分函数调用都不需要许多参数）。注意，你可以为多个参数指定默认值，不管它们是字符串还是数值。

其次，默认值在调试大程序时可能有用，它们允许函数在调用程序忘记提供数据时运行（或者至少尝试运行）。这在多人共同使用一个程序时特别有用，一位编码人员在调用由另一个人编写的函数时，可能会忘记应该传递的参数。

4.2.2 取回数据

到目前为止，我们的程序只是将数据发送给函数，而没有期待任何回报。如果你和我们的程序清单一样，只想在屏幕上显示某些信息，这会是有意义的。但是，如果你希望函数进行一些处理，并将信息反馈给主程序，该怎么办呢？基于这一目的的技术被称作"返回"数据——也就是说，函数发回一个"返回值"。

例如，在程序清单34中，我们的"add_numbers"函数取得两个参数（数值变量），并将它们相加，然后在屏幕上显示结果。现在，我们对其进行调整，使该函数不打印任何东西，而是将结果返回给主程序中的调用代码。

⟶ 程序清单 36：

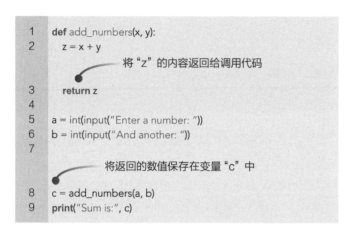

```
1   def add_numbers(x, y):
2       z = x + y
                        将"z"的内容返回给调用代码

3       return z
4
5   a = int(input("Enter a number: "))
6   b = int(input("And another: "))
7
                        将返回的数值保存在变量"c"中

8   c = add_numbers(a, b)
9   print("Sum is:", c)
```

我们已经修改了"add_numbers"函数，引入了一个新变量"z"，将"x"和"y"（发送给函数的两个数值）的和放入变量"z"中。然后，在第 3 行完成这一魔法：我们告诉 Python，将"z"的内容返回给调用该函数的代码，这就是前面所说的"返回值"，因此使用的是"return"指令。

如何保存从函数返回的数据呢？看看第 8 行，这一次我们不仅以需要的两个参数调用"add_numbers"函数，而且还用等号（＝）将结果赋予新的"c"变量。这样，Python 从右向左处理第 8 行：运行"add_numbers"，当函数结束时用"return"指令返回一个数值，并将这个数值放入"c"中。

函数可以像程序清单 36 中那样返回数值，当然也可以使用文本，这完全取决于你的需要。实际上，函数也可以返回多个数据（例如，多个数值或者字符串），我们将在后面介绍 Python 的高级数据类型时再研究这方面的问题。

> **提 示**
>
> 在程序清单 36 的第 8 行中使用的技术实际上并不是完全陌生的，我们在程序清单 11 中从用户获得输入时是第一次遇到它。在这两个例子中等号做的工作是相同的，在程序清单 11 中，我们获取的是 Python 内建"input"函数的字符串返回值。所以，不管我们是从自己定义的函数还是从 Python 包含的函数中取回数据，使用的方法都是一样的。

现在，你开始真正地体会到函数的功能和灵活性了。当你开始编写较长的程序时，可以创建函数执行特定任务。例如，你可能要编写一些经常需要执行复杂数学运算的代码。将这些运算全部放到一个函数中，在需要时调用它，但是注意保持与主代码的分离。更方便的是，你可以在不同的编程项目中使用该函数。

程序清单 36 和程序清单 34 很相似，
但是这一次我们的函数发回
"返回值"供主代码打印。

4.3 变量的作用域

前面我们谈到了模块化的重要性，在模块化程序中，代码块（如函数）相互独立，可以移动和更改而不会影响程序的其他部分。如前所述，这些代码块还可以复制到其他程序中。但是，为了让函数真正实现模块化，必须确保它不会在无意中覆盖其他地方的数据。

回顾程序清单 36：为了清晰，我们在"add_number"函数和主代码中使用了不同的变量。如果我们试图重复使用这些变量，会发生什么情况呢？猜猜运行程序清单 37 会发生什么。

⏩ **程序清单 37：**

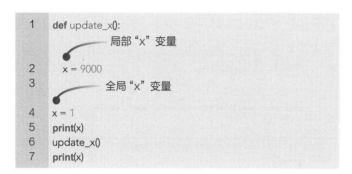

```
1   def update_x():
                    局部 "x" 变量
2       x = 9000
3               全局 "x" 变量
4   x = 1
5   print(x)
6   update_x()
7   print(x)
```

这个程序看上去很简单。在第 4 行开始执行时，我们创建了一个新变量"x"，将其设置为 1。然后，我们打印"x"的内容，接着调用"update_x"函数，将"x"设置为 9000。在函数结束后，从第 7 行继续执行，这一行打印的却是"1"。究竟怎么回事？为什么"update_x"没有正确地执行任务？

> **提 示**
>
> 　　如果你有一个要执行数百次或者数千次的函数，你可能会疑惑变量的所有局部拷贝发生了什么变化，它们会不断吞噬内存吗？幸运的是，不会。每当 Python 完成函数的调用后，为了腾出空间，内存中的所有局部变量都将被"释放"。如果你想要在多次调用函数时保留一个变量的值，必须将其标记为全局变量，我们很快将讨论这个问题。

关键在于每当我们调用"update_x"函数并执行第 2 行时，它会创建自己的"局部"变量"x"，这和主代码是分离的。不管"update_x"对自己的"x"进行什么操作，都不会影响主代码在第 4 行中创建的"x"变量。原因很简单：这保证了代码的模块化。

想象一个有许多函数的大型程序，使用许多不同的变量。如果一些函数没有使用自己的变量类型，它们可能在无意之中就覆盖了程序中其他地方使用的变量——特别是在程序使用许多常见变量名（如"a""b""filename"等）的情况下。

通过区分局部变量和全局变量，我们才能在程序中引入函数（可能来自另一个程序），并确保它们不会在被调用时破坏我们的数据。如果在主代码中有一个极其重要的"x"变量，并调用由其他人写的一个函数，该函数恰巧也使用了一个名为"x"的变量，这时我们可以确定自己的数据不会在不知晓的情况下被更改（否则，我们将需要承担可怕的调试任务）。程序清单38说明了变量在函数内外的工作方式。

程序清单 38：

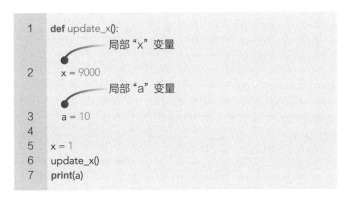

```
1   def update_x():
                                    局部"x"变量
2       x = 9000
                                    局部"a"变量
3       a = 10
4
5   x = 1
6   update_x()
7   print(a)
```

这实际上是一个无法正常运行的程序！你可以看到，它从第7行开始运行，此时我们试图打印"a"变量的内容。问题是，主代码中没有"a"变量，只有"update_x"函数内部有。但是，该变量是特定于那个函数的，在其他任何地方都无法使用。

变量可以用在哪些地方的这个概念被称作"变量作用域"：只能用于单一函数内的变量称为局部变量（如这里的"a"），而可以在任何地方使用（和更新）的变量称为全局变量。在函数外部创建的任何变量默认都是全局变量，不需要专门指定。

但是，还有一件事我们尚未提到：如果我们希望在一个函数中使用全局变量（如程序清单37第2行中的"x"），而不是函数自己的变量类型，该怎么做？这需要不同的方法。为了告诉Python我们实际上使用的是全局变量，可以添加一个"global"关键字。

程序清单 39：

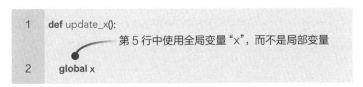

```
1   def update_x():
                        第5行中使用全局变量"x"，而不是局部变量
2       global x
```

```
3      x = 9000
4
5   x = 1
6   print(x)
7   update_x()
8   print(x)
```

　　这个程序和程序清单 37 很相似，但是有一个重要的变化：第 2 行中的"global x"。这是告诉 Python，函数中使用的"x"变量应该是其他地方创建的全局变量，而不是一个局部变量。所以，当这个程序开始运行时，第 6 行第一次显示的"x"是 1，此后调用"update_x"，更新第 5 行创建的全局变量"x"。到第 8 行运行时，"x"的值为 9000。

4.4　有趣的内建函数

　　现在，我们暂时停下对 Python 工作方式的观察，将注意力转向该语言提供的其他内建函数。利用这些函数，我们可以创建一些功能强大的程序，仅是试验它们就饶有趣味。前面我们已经使用了一些内建函数，如"print"和"input"，但是还有其他一些值得研究的函数。我们来看看它们都有什么功能。

4.4.1　exec——在一个程序的内部运行另一个程序

　　"exec"函数可以在程序运行中告诉 Python，让它解释执行一个字符串中的代码。初看这有些奇怪，我们来看看它实际运行时的情况。

➡ **程序清单 40:**

```
                    创建空白字符串变量
1   code = ""
2   x = 1
3
4   while code != "exit":
5       code = input("Enter some code: ")
                    执行变量中包含的所有代码
6       exec(code)
7       x += 1
```

在第一行中，我们创建了一个全新的空白字符串变量"code"——只使用了两个引号。我们必须预先创建这个变量，因为在第 4 行开始一个循环时，需要检查这个变量的内容。如果我们没有及早创建"code"变量，Python将无法确定它来自哪里。

```
C:\Users\mike\Desktop\codingmanual>python
listing40.py
Enter some code: a = 10
Enter some code: print(a)
10
Enter some code: print("Hello!")
Hello!
Enter some code: print(x)
4
Enter some code: print(x)
5
Enter some code: exit

C:\Users\mike\Desktop\codingmanual>
```

一个程序在其内部运行 Python
代码！程序清单 40 展示了使用
"exec"函数实现这一目的的方法。

接下来，在第 5 行中我们从用户那里取得输入，并将其保存在"code"变量中。然后，在第 6 行中告诉 Python 执行"code"的内容，就像处理其他 Python 代码一样。所以，你在提示后面输入的任何内容都将被执行，例如，你可以试着输入"print"指令。

注意："exec"不会将代码作为完全独立的程序运行，而是作为当前程序的一部分。所以，如果你在提示后输入"print（x）"，它将显示每次循环递增的"x"值，这就说明了它的工作方式。更实用的是，你可以使用这样的代码片段进行交互式调试，在程序执行期间检查变量。（输入"exit"可以停止该程序。）

4.4.2　chr——显示复杂的字符

如果你的程序只需要显示常用的字符，如字母 A~Z、数字、标点符号等，可以使用键盘和常规的"print"函数进行调用。但是，如果要使用较少使用的字符或者符号，特别是来自外语的，该怎么办？或者是要使用近年来越来越常用，但是在键盘上没有的字符怎么办？

欧元符号（€）就是一个很好的例子。如果你需要在程序中输出它，但是在键盘上又找不到，那就麻烦了。从维基百科上可以看到，这个符号在 HTML 中表示为"€"。这是一种 Unicode（一种用于编码和显示文本的标准）编码方式，我们可以通过"chr"函数，在 Python 中使用这个编码。

➡ 程序清单 41：

```
1    print(chr(8364))
```

注意：如果你使用 Windows 命令提示符，必须预先输入"cmd /K chcp 65001"（改变可用的字符集），上述程序才有效。

瞧，"€"符号已经出现在屏幕上了。你可以在维基百科上找到更多的 Unicode 字符，但是那个页面有点无趣，让我们来找点乐子——显示多个 Unicode 字符。

➡ 程序清单 42：

```
1    for x in range(32, 1000):
2        print(chr(x), end="")
```

这个程序可以打印编号从 32~1000 的所有 Unicode 字符（编号更小的是

不可打印的字符）。注意，"print"
函数的额外参数会阻止"print"在
打印每个字符后跳到下一行，这在
你的程序中很有用。这些 Unicode
字符来自各种语言，可以在屏幕上
产生有趣的输出，如屏幕截图所
示。如果你的命令提示符在这之后
产生了一些混乱，那是因为这些字
符太复杂了，只需要先关掉窗口，
然后再打开一个新窗口即可。

当你运行程序清单 42 时，
会在屏幕上看到许多难懂的文字，
这些是来自各种语言的 Unicode 字符。

4.4.3　len——获得字符串的长度

我们曾经处理过字符串变量，主要是使用"input"函数，获取这些字符
串的长度（即字符串中的字符数量）。假定你一定要获得一个用户名，这意味
着一定要输入某些内容，而不是在"input"提示中直接按下 Enter 键获得一
个空白字符串。你可以使用"len"函数，强迫用户输入一些内容。

程序清单 43：

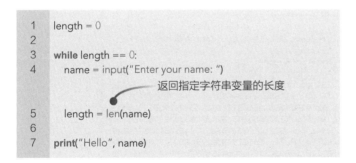

```
1   length = 0
2
3   while length == 0:
4       name = input("Enter your name: ")
                        返回指定字符串变量的长度
5       length = len(name)
6
7   print("Hello", name)
```

在第 3 行中，我们建立了一个循环，只要在开始时创建的"length"变
量为 0，该循环就运行。在每个"input"函数执行后，我们用第 5 行的"len"
函数获取输入的字符串的长度。如果用户在"input"提示之后直接按下
Enter 键，字符串中什么字符都没有（长度为 0），则循环继续；如果用户输

入某些字符, 如"Bob"(该字符串包含 3 个字符), 则"length"变量不再为 0, 循环停止。然后, 我们可以打印这个名字。

4.4.4 pow 和 round——额外的数学函数

最后, 我们以对一些较大数的处理来结束本章。Python 有一个"pow" 函数, 它有两个参数, 返回的第一个数为底、第二个数为指数的幂。让我们来看看这个函数的实际运行情况。

➡ **程序清单 44:**

```
1    a = int(input("Enter a number: "))
2    b = int(input("And another: "))
3
       返回的第一个数为底、第二
       个数为指数的幂

4    print(a, "to the power of", b, "is", pow(a, b))
```

在这里, 我们从用户那里得到两个整数, 然后开始执行第 4 行复杂的 "print"函数。首先显示两个变量和一些文本, 然后显示"pow(a, b)"的 结果——也就是该函数的返回值。像程序中那样, 将"pow"函数放在"print" 函数内部, 可以直接使用"pow"的结果, 无须将其保存在一个临时变量中。

在程序清单 44 中使用的"pow"
函数可以生成一些很大的数。

试着输入数字：10 的 2 次方是 100（10 乘以 10），3 次方是 1000（10×10×10）等。然后，可以尝试一些较大的数——1000 的 1000 次方，你会发现 Python 可以轻松得到结果。你还可以使用更大的数，但是在某个时候 Python 可能会突然崩溃。

▶ 程序清单 45：

```
1    a = float(input("Enter a number: "))
                            精确到小数点后 3 位
2    print(round(a, 3))
```

在提示之后输入一个有许多位小数的数值，如 12.12345。在第 2 行中，我们用"round"函数得到只有 3 位小数的近似值并打印。注意，这不会改变"a"的内容，如果你希望改变，可以简单地将"round"的结果赋值给该变量，如"a = round(a, 3)"。

挑战自我

1. 函数定义应该放在程序的什么地方？

2. 函数定义中的括号有什么作用？

3. 在名为"test"的函数定义中，有一个数值变量"a"，如何将"a"默认设置为 10，即使调用程序没有指定一个值？

4. 将函数中的数据发回给调用代码要使用哪个关键字？

5. 局部变量和全局变量有何不同？

05

第 5 章
处理数据

在阅读本书的每个章节时，你会学到用于创建、扩展和维护 Python 程序的宝贵工具和技术。变量、条件、循环和函数这些工具与技术都是不可或缺的要素，接下来要考虑的就是数据了。任何有意义的程序都要处理数据，不管它是文字处理软件（文本数据）、图形编辑器（像素数据）还是 Web 浏览器（网络数据）。

到目前为止，我们在程序清单中处理的都是简单数据类型——数值变量（如整数和浮点数）和字符串。除了这些简单方便的数据类型外，Python 还有更复杂的数据结构，它们可以更有效地处理数据，根据需要对数据进行整理和分类，将多个数据联系起来。

5.1 什么是数据结构？

前面我们已经谈过，变量是内存中的存储空间，我们可以在其中放入经常变化的数据。当我们使用变量存储数值时，这是一个非常简单的过程——Python 将数值放入内存中的某个空白空间，并用变量名跟踪其位置。但是，字符串是如何处理的？这会稍微复杂一些，因为它们不是像数值那样的单个项目，而是一系列较小的项目：字符（字母、数字和标点符号）。

思考下面的例子。你编写了一个 Python 程序，首先创建一个名为"x"的变量，保存数值 100。还有一个变量"mystring"，包含单词"Hello"。Python 将如何在内存中组织这些变量？

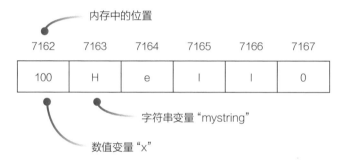

这是计算机内存中所发生情况的简化图示，可以帮助我们理解这个过程。在这个例子中，当我们创建"x"变量时，Python 在内存中找到一个空闲空间——7162，以保存"x"的内容。[可以将计算机内存（RAM）看成一系列空闲的存储空间，其编号从 1 到安装的内存数量。]

从此以后，每当我们需要使用"x"变量中保存的内容时，Python 将查找计算机 7162 的内存位置。如果我们将"x"的内容改成不同的数值，Python 会将该数值放到 7162 中。

但是，当我们在一个变量中保存字符串，会发生什么样的情况？如前所述，字符串实际上是字符序列，单一内存空间无法容纳多个字符。所以，Python 会将字符串放入多个存储空间中——在本例中，是从位置 7163 开始的存储空间。字符串是一个从特定位置开始的数据结构。

现在我们知道,"x"保存在 7162 中,"mystring"从 7163 开始,占用多个内存空间。实际上,我们可以用方括号访问字符串中的单个字符(称为"元素")。

➡️ **程序清单 46:**

```
1   mystring = "Hello"
                         只显示字符串中的元素 1
2   print(mystring[1])
```

在这个程序之前,我们打印的都是整个字符串。但是,这一次我们用方括号告诉 Python:只打印字符串中的元素 1。运行这个程序,你将看到输出的是字符"e"。

但是,字符串中的第一个字符(元素)不应该是"H"吗?不完全是这样。在 Python 中,和许多编程语言一样,数据结构中的元素是从 0 开始向上编号的。以"Hello"为例,"H"是元素 0,"e"是元素 1,第一个"l"是元素 2,以此类推。所以,为了打印"H",你应该使用"mystring[0]"。

现在,我们知道 Python 中的字符串变量不只是内存中的一个空间,而是使用相同变量名的一系列空间——一个数据结构。字符串的结构相当简单,它们只是字符的线性排列。下面,我们将学习 Python 提供的更灵活的数据结构。

> **提 示**
>
> 你可能觉得从 0 开始计算字符串(和其他数据结构)的元素是令人困惑的。为什么不将第一个元素编号为 1?与此相关的历史问题很多,虽然有些编程语言已经打破陈规,从 1 开始编号,而不再是从 0 开始,但 Python 仍使用"传统"的体系。正如人类语言间的微妙差别,你只需要习惯这种做法,它很快就会成为你的"第二天性"。

5.2　元组的魔力

元组是一种结构,我们可以用它将多个数据组合在单一的名称下。要创建一个元组，需要将数据放在括号中，并用逗号分隔每一部分的数据（元素）。

◆ 程序清单 47:

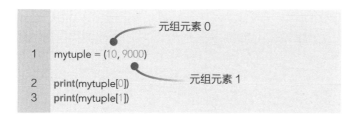

```
1   mytuple = (10, 9000)
2   print(mytuple[0])
3   print(mytuple[1])
```

了解到数据结构中的元素是从 0 开始向上编号后，你可能会猜到这个程序打印在屏幕上的是 10 和 9000。但是，元组之所以特别有用，是因为你可以在其中混合不同类型的数据，例如数值和字符串。

◆ 程序清单 48:

```
1   mytuple = (10, "awesome")
2   print(mytuple[0])
3   print(mytuple[1])
```

你可能已经发现元组的用途了，我们来看一个具体的例子。假定我们正在开发一个程序，使用一周中的 7 天。你不想在程序中使用这些固定的名称（例如，一周的第一天显示"Monday"），因为可能将程序的界面翻译成其他语言。

处理这个问题的方法之一是在程序开始时就创建字符串变量，如"day1"变量包含"Monday"，"day2"包含"Tuesday"，等等。这样，当程序需要显示周几时，可以使用这些变量，代码不会在意你以后将"Monday"改成"Lundi"（法语的星期一）、"Montag"（德语的星期一）或者其他任何字符串。

现在，想一想如何处理这些数据。试着创建一个程序，当用户输入一个日期编码时，程序可以显示对应日期的名称。如果使用我们刚刚介绍的"day1""day2"变量，程序看起来是这个样子的。

◆ **程序清单 49:**

```
1    day1 = "Monday"
2    day2 = "Tuesday"
3    day3 = "Wednesday"
4    day4 = "Thursday"
5
6    x = int(input("Enter a day number: "))
7
8    if x == 1:
9      print(day1)
10   elif x == 2:
11     print(day2)
12   elif x == 3:
13     print(day3)
14   elif x == 4:
15     print(day4)
```

为了节约篇幅，在这个程序中我们没有使用周一到周日的所有名称，即使只用了前 4 个，就已经产生了大量的重复代码。如果可以将这些日期全部放到一个元组中，用单一名称进行访问，不是更简洁吗？程序清单 50 展示了前一个程序基于元组的改写版本，这一次包含所有日期的名称，程序仍然简短多了！

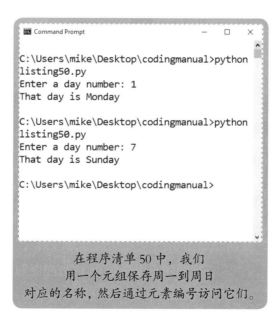

```
Command Prompt                          —  □  ✕
C:\Users\mike\Desktop\codingmanual>python
listing50.py
Enter a day number: 1
That day is Monday

C:\Users\mike\Desktop\codingmanual>python
listing50.py
Enter a day number: 7
That day is Sunday

C:\Users\mike\Desktop\codingmanual>
```

在程序清单 50 中，我们
用一个元组保存周一到周日
对应的名称，然后通过元素编号访问它们。

◆▶ **程序清单 50：**

```
1    days = ("Monday", "Tuesday", "Wednesday",
2    "Thursday", "Friday", "Saturday", "Sunday")
3
4    x = int(input("Enter a day number: "))
5
6    print("That day is", days[x-1])
```

这个程序看起来简洁多了，不是吗？我们不需要大量的"if"语句，也不需要不同变量的整个列表。我们将所有数据放到一个元组中，在需要时才使用其中的元素。记住，元素是从 0 开始计数的，因此第 6 行中使用了"x-1"。因为用户输入 1 表示星期一（Monday），实际上要取出的是元组中的元素 0，所以要从用户输入的数字中减去 1，才能得到对应的元素。

> **提 示**
>
> 你可能在程序清单 50 中注意到，我们将元组的内容分成两行。这只是为了让它更容易理解，这在 Python 中当然是有效的。但是，当你编写自己的程序时，最好的做法通常是将所有内容放在一行中，让文本编辑器完成换行的工作。

如前所述，元组可以包含混合项目：有些元素是数值，有些元素是字符串。如果我们想要在元组的所有元素上进行一次操作，可以使用前面介绍的"for"循环。

◆▶ **程序清单 51：**

```
1    mytuple = (1, "Hello", 9000)
2
3    print(mytuple)
4                    在每次循环中将"mytuple"的元
                     素复制到这里
5    for x in mytuple:
6      print(x)
```

第 3 行打印输出了所有元组数据，包括逗号和引号，就像第 1 行中编写代码时的那样。这只是为了让你了解 Python 存储元组的方式，它本身并没有特别的用处。如果我们想要真正使用元组中的元素，又不需要附加的格式，就必须使用另一种方法读取它。

第 5 行和第 6 行的"for"循环显示了元组中的各个元素：循环第一次执行时，"x"包含元组的元素 0——在本例中是数值 1；在下一次循环时，"x"包含"Hello"，以此类推。

这个"for"循环在元组的所有元素都显示完之后结束，在本例中循环 3次。有时候你可能不想循环读取元组中的所有元素，而是读取其中某个部分。当然，Python 可以用"切片"完成这一工作。本质上，切片是有特定起止位置的一组元素。看看下面这段代码。

程序清单 52：

```
1   mytuple = (100, 350, 720, 2500, 7800, 9000)
2                                    到元素 3（不含）

3   for x in mytuple[0:3]:
4       print(x)
```

这里，我们在方括号里使用冒号指定一个范围：从元素 0 到元素 3（一共 4 个元素），但是 Python 只打印了 3 个元素——100、350 和 720。

这是怎么回事？和"for"循环中的范围一样，切片的最后一个编号只说明循环应该在何时结束，不应该用在又一次循环上。所以，在这个例子中，Python 将显示元组的元素 0、1、2，当循环到元素 3 时，"for"循环结束并转到下一个代码行。

程序清单 52 中的代码可以稍作简化。

程序清单 53：

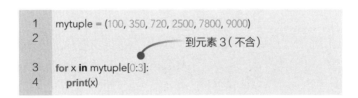

```
1   mytuple = (100, 350, 720, 2500, 7800, 9000)
2                                    前 3 个元素

3   for x in mytuple[:3]:
4       print(x)
```

在第 3 行的方括号中，我们省去了切片的开始编号，告诉 Python 显示元组的前 3 个元素，因此输出的结果和前面一样。如果将 "[:3]" 改为 "[3:]"，这个循环将显示最后 3 个元素，我们会在屏幕上看到 2500、7800 和 9000。

关于切片的最后一个要点：除了元组外，它们还可用于字符串。增加第 3 个参数后，可以指定每次循环跳过多少个元素。看看下面的程序。

切片可用于在元组和字符串中跳过元素，例如在程序清单 54 中，我们仅显示了字符串中的几个元素。

➡️ 程序清单 54:

```
1  mystring = "Python is totally awesome!"
2                      每次循环跳过 4 个元素
3  for x in mystring[::4]:
4      print(x)
```

这里，我们创建了一个字符串，每个元素是一个字符。在第 3 行的 "for" 循环中，我们没有指定开始和结束的位置（冒号周围没有数字），所以 Python 将读取每一个元素。最后的数字 4 告诉 Python，在 "for" 循环的每次迭代中跳过 4 个元素。所以第一次循环显示 "P"，第二次循环显示 "o"，第三次显示 "s"，以此类推。字符串、元组、切片和 "for" 循环一起使用时非常强大，可以尝试不同的组合和参数。

> **提 示**
>
> 　　在方括号中放入 −1，是使用元组末位元素的一种简写方式，不需要知道元组中有多少个元素。例如，如果你有一个元组"mytuple"，其中有 8 个元素，用"print(mytuple[−1])"可以显示最后一个元素。将其改成 −2，则得到倒数第二个元素，以此类推。

5.3　列表和字典

　　到目前为止，我们还没有提到元组的一个要点：它们的内容不能改变。你不能将它们当成变量集来处理，所以下面的代码是不可能实现的。

⇒ **程序清单 55：**

```
1   mytuple = (1, 2, 3)
2   mytuple[0] = 9000
```

　　试着运行上面的程序，Python 将告诉你"元组对象不支持项目赋值"。用编程术语说就是元组是"不可变的"，一旦创建，它的状态就不能改变。你知道这一点后，可能会觉得疑惑，那元组有什么意义呢？毕竟，如果数据不能改变，那么一个数据结构还有什么用呢？

　　Python 可以极快地处理像元组这样的不可变数据，但是 Python 还有一个与此非常类似的数据结构——列表。列表拥有许多和元组相同的特性，并且带有修改其中包含的数据的能力。从外表上看，两者之间最明显的差别是，列表用方括号定义，而元组用圆括号。

⇒ **程序清单 56：**

```
                      方括号表示列表
1   mylist = [100, 350, 720, 2500, 7800, 9000]
2
3   print("Single element:")
```

元素从 0 开始向上计算

```
4    print(mylist[0])
5
6    print("Whole list:")
7    for x in mylist:
8        print(x)
9
10   print("Last 3 elements:")
```

这个切片表示最后 3 个元素

```
11   for x in mylist[-3:]:
12       print(x)
```

除了第 1 行中使用方括号定义列表外，基于我们对元组的学习，这里的大部分代码现在对你来说应该都很熟悉了。第 11 行 "for" 循环中的 "[-3:]" 是个新技巧：最后 3 个元素。如果我们没有在后面加冒号，Python 会认为是引用倒数第 3 个元素，而不是一个切片，这将使 "for" 循环变得毫无意义，只会显示一个错误。所以，这里的冒号是至关重要的，可以表明我们想循环读取一个切片。

列表中的列表

有没有可能在一个列表中嵌入另一个列表呢？是的，Python 允许这种操作。子列表可能使用起来有点烦琐，但是对管理复杂数据类型很有用。要创建一个子列表（有时候称为 "嵌套列表"），我们可以在方括号内使用方括号。

➡ **程序清单 57:**

```
1    mylist = [ [1, 2, 3], ["Bob", "Bill"] ]
2
3    print(mylist[0][2])
4    print(mylist[1][0])
5
6    for x in mylist[0]:
7        print(x)
```

从第 1 行中可以看到，我们用左方括号开始一个列表，接着用另一个左方括号开始一个子列表。这个子列表包含 1、2 和 3，然后我们用右方括号结束子列表，开启另一个包含 "Bob" 和 "Bill" 的子列表。

第 3 行和第 4 行说明如何访问子列表中单独的元素。在第 3 行中，我们告诉 Python：查看子列表 0（即第 1 个子列表，因为它也是从 0 开始计数的）并显示元素 2（第 3 个元素，仍然是从 0 开始计数）。屏幕上将打印"3"。在第 4 行中，我们选择子列表 1（第 2 个子列表）和元素 0，屏幕上将显示"Bob"。最后，在第 6 行我们使用"for"循环显示子列表 0 中的所有元素，得到"1""2""3"。

甚至还可以在其他子列表中放入子列表，但那是以后的事情了。虽然在开始编写高级程序之前，你可能不会使用这么复杂的数据结构，但是值得了解。

列表和元组非常相似，以相同的方法读取元素，但是列表还可以修改元素。

5.3.1　实时改变元素

如果需要改变列表中的一个元素，应该怎么做呢？你可以简单地使用赋值语句，在元素中放入一个值，如"mylist[3] = 20"将"mylist"的元素 3 设置为 20。但是，在一个循环中这一过程将更为复杂，因为你不确定循环在任意时刻处理的是列表中的哪个元素。

假设你想用一个"for"循环将列表中的所有数值加倍，你可能很想使用如下的程序。

程序清单 58:

```
1   mylist = [20, 60, 500, 1200, 9000]
2
3   for x in mylist:
4       x = x * 2
5
6   print(mylist)
```

问题是,在第 3 行"for"循环的每一次迭代中,"mylist"当前元素的值会被复制到"x"变量中。例如,在"for"的第一次循环中,"x"变成 20,这样改变"x"的数值对列表的实际内容毫无影响,因为这个"x"只是一个独立变量,在每次循环中都会取一个新的值。

所以,我们必须用不同的方法去处理这个问题。在"for"循环中,我们需要改变被处理的列表元素的实际内容,而不是"抛弃型"的"x"变量。为此,我们需要跟踪列表中待处理的元素。幸运的是,Python 有一个相当好的"enumerate"函数,正好可以用在这类场合。

程序清单 59:

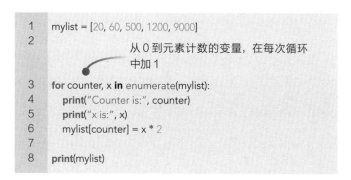

```
1   mylist = [20, 60, 500, 1200, 9000]
2
                        从 0 到元素计数的变量,在每次循环
                        中加 1
3   for counter, x in enumerate(mylist):
4       print("Counter is:", counter)
5       print("x is:", x)
6       mylist[counter] = x * 2
7
8   print(mylist)
```

在第 3 行,我们创建了一个新的"for"循环,但功能有所改变。在每次循环中我们不仅将当前的"mylist"中的内容放入"x",还使用了"counter"变量,这个变量会跟踪我们在列表中的位置。

当循环开始时运行"enumerate"函数,"counter"包含 0("mylist"的元素 0),"x"包含 20。在下一次循环中,"counter"包含 1,"x"包含 60。

再下一次，"counter" 包含 2，"x" 包含 500，以此类推。所以，我们每次循环都将值放入 "x" 中，由于有了 "counter"，我们也可以跟踪待处理元素在列表中的位置。

第 4 行和第 5 行对于循环的功能来说不是必要的，它们只是说明运行程序时发生的情况。第 6 行完成了加倍的魔法：它将 "x" 的当前值乘 2，并将结果返回 "mylist" 的对应位置。

```
Command Prompt                              —    □    ×

C:\Users\mike\Desktop\codingmanual>python
listing59.py
Counter is: 0
x is: 20
Counter is: 1
x is: 60
Counter is: 2
x is: 500
Counter is: 3
x is: 1200
Counter is: 4
x is: 9000
[40, 120, 1000, 2400, 18000]

C:\Users\mike\Desktop\codingmanual>
```

在程序清单 59 中，我们用 "enumerate" 函数跟踪所处理的元素，并用 "for" 循环将每个元素加倍，然后显示结果。

5.3.2 排序、增加和删除元素

在完成列表的许多操作之后，你可能想要将数据按照合理的顺序进行排列，尤其是在你想要生成一个报告，或者将其保存到磁盘上时（本书后面有更详细的介绍）。这很容易实现，只需要使用列表的名称，并在其后加上 ".sort()"。

➧ **程序清单 60：**

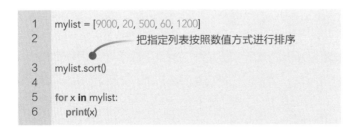

```
1    mylist = [9000, 20, 500, 60, 1200]
2                    把指定列表按照数值方式进行排序

3    mylist.sort()
4
5    for x in mylist:
6        print(x)
```

这个程序按照数值的顺序重排 "mylist" 中的数字，就像程序清单 59 开始时的样子。你也可以在字符串变量上使用这个特殊的 ".sort()" 功能，但是要小心，默认情况下，Python 将大写字母优先于小写字母处理。所以，如果你有一个列表包含 "My" "name" "is" 和 "Bill"，并使用和程序清单

60 一样的方式，Python 的显示顺序为："Bill My is name"。

很明显，这里的"is"应该出现在"My"之前，因为大写字母优先的原则，所以 Python 将"My"放在前面。要解决这个问题，我们需要在".sort()"代码中放入额外的信息。

程序清单 61：

```
1   mylist = ["My", "name", "is", "Bill"]
2                              进行大小写不敏感的字
                               符串排序
3   mylist.sort(key=str.lower)
4
5   for x in mylist:
6       print(x)
```

> **提 示**
>
> 　　如果想要以相反的顺序重排列表，使最大的数字先出现，字符串从"Z"到"A"排序，该怎么办？只需要在".sort()"代码中增加参数"reverse=True"。对于字符串，你甚至还可以组合程序清单 61 中使用的大小写敏感搜索选项，只需要在括号内用一个逗号分隔参数："key=str.lower, reverse=True"。

第 3 行中增加的"key=str.lower"告诉 Python，排序时不要考虑大小写，所以得到的结果是"Bill is My name"。

在列表中增加和删除元素也很容易。要在列表最后增加元素，只需要使用列表名加上".append()"，并在括号内放入要增加的项目。

程序清单 62：

```
1   mylist = [20, 60, 500, 1200, 9000]
2                         将这个元素添加到列表的最后
3   mylist.append(10)
4   print(mylist)
```

".append()"不仅可以在列表中增加额外的单独项目，还可以增加另一个列表。不过要小心，如果在".append()"的括号中使用一个列表，它将以子列表的形式加入。如果只想扩展列表的内容，可以使用".extend()"，例如"mylist.extend(myotherlist)"。在这种情况下，"myotherlist"的所有项目将被添加到"mylist"的最后。

在许多情况下，你不只是想要在列表中放入一个项目，还想放在某一个特定的位置。为此，我们可以使用".insert()"函数。该函数有两个参数：列表中的位置和想要添加的元素数据。下面的代码展示了具体的使用方法。

⇒ 程序清单 63：

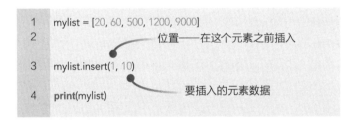

重申一下，不要忘记列表和元组中的元素从 0 开始计数。所以在第 3 行中，我们告诉 Python 在元素 1（也就是列表中的第 2 个元素 60）之前插入数值 10，结果得到一个包含 20、10、60、500…的列表。

要删除项目，我们有两种方法可以使用。第一种可以告诉 Python 搜索列表中的特定值，并删除找到的第一个元素。考虑如下代码。

⇒ 程序清单 64：

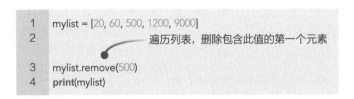

此后，列表中包含 20、60、1200 和 9000。但是，如果列表包含多个500，想要将它们全部删除，该怎么做？你可以复制和粘贴"remove"代码。但是，如果处理的是一个非常长的列表，不确定有多少个 500，就不好办了。

幸运的是，有一个解决方案（实际上有多种解决方案，这是 Python

中的常见情况，但是我们将专注于最简单的方案）。首先使用"mylist.count(x)"（其中 x 是我们想要搜索的值）得到列表中有多少个"x"，然后结合列表的范围，将这个数字用于一个"for"循环直到删除所有"x"。下面我们在程序清单的列表中加入几个 500，看看它是如何工作的。

程序清单 65:

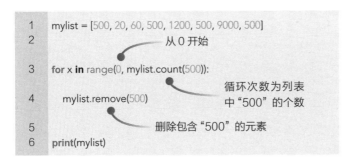

```
1   mylist = [500, 20, 60, 500, 1200, 500, 9000, 500]
2                              从 0 开始
3   for x in range(0, mylist.count(500)):
                                 循环次数为列表
4       mylist.remove(500)      中 "500" 的个数
5                          删除包含 "500" 的元素
6   print(mylist)
```

你应该还记得本书前面介绍的"range"函数，它指定了"for"循环所要查找的一组数值。在本例中，我们告诉"for"，循环的次数等于"mylist.count(500)"的返回值——换言之，就是列表中"500"出现的次数。然后，我们在循环的每次迭代中删除这个元素。最终结果就是，所有的"500"都被删除了。

要根据在列表中的位置而非其内容删除元素，我们可以使用".pop()"。这个函数在删除之前会告诉我们元素中包含的值，确认我们是否想对它做进一步操作，这一功能非常有用。让我们来看看它的实际运行情况，并使其采用交互式的方式运行。

程序清单 66:

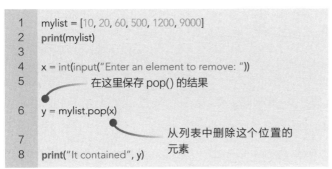

```
1   mylist = [10, 20, 60, 500, 1200, 9000]
2   print(mylist)
3
4   x = int(input("Enter an element to remove: "))
5              在这里保存 pop() 的结果
6   y = mylist.pop(x)
7                      从列表中删除这个位置的
8   print("It contained", y)     元素
```

这里和往常一样，从一个列表开始。然后，让用户输入对应于列表中某个位置的一个数值，然后删除该位置的元素——将其从列表中"弹出"（Popping）。但是，我们会将旧值保存在"y"变量中，方便在后面使用。这样，当我们运行程序时，如果输入 0，将显示 10，输入 1，将显示 20，以此类推。

> **提示**
>
> 想要找出一个数值或者字符串在列表中第一次出现的位置，可以使用".index(x)"函数，其中"x"是你想要查找的内容。举个例子，如果你有一个名为"mylist"的列表，包含 10、20、30、40 和 50，并执行"a = mylist. index(30)"，"a"变量将包含 2——因为 30 在列表中的位置是 2（从 0 开始计算）。

5.3.3　字典

我们已经了解到，元组和列表是非常实用的工具，可以将不同的数据组合到单一名称下。但是这两种数据类型都有一个局限——需要用数字来引用单独元素。这在许多情况下都是可行的，但是如果元素有自己的名称，不是更好用吗？

这是 Python 字典的用处所在。字典与元组和列表很像，但是我们可以为元素提供自定义的名称，然后用那些名称而不是简单的数字来引用特定的元素。以公司员工和他们的电话分机号为例，在如下代码的第一行中，我们创建了一个字典，其中每个姓名都有一个对应的号码。

程序清单 67:

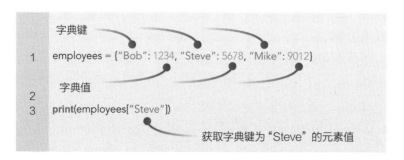

我们使用大括号创建字典。在括号中，放入"键"和"值"的配对，两者用冒号连接在一起。键是我们用于引用字典中元素的名称，值则是它们的数据。

所以，程序清单 67 中的第 1 行创建了一个含有 3 个元素 "Bob" "Steve" "Mike" 的字典，它们的值分别是 1234、5678 和 9012。注意，字典可以包含数值和字符串的混合数据，后者和往常一样需要加上双引号。

在第 3 行中，我们告诉 Python 打印字典中的一个元素。和元组或者列表不同，我们不需要指定元素的编号，而是提供一个名称，这更实用，也更容易处理许多类型的数据。当我们告诉 Python 显示 "employee" 字典中的元素 "Steve" 时，它在字典中进行搜索，直到找到该元素，并打印与其匹配的数值——5678。

让我们来研究一些可以在字典上进行的操作。和列表一样，我们可以更改其中的数据，删除或增加元素，如程序清单 68 所示。

> **提 示**
>
> 这里，我们在字典中用字符串作为键名，不过也可以使用数值（省略双引号）。但要注意，键名必须是唯一的，如果你的列表中包含多个使用相同键名的项目，你的程序很大程度上会包含难以通过调试发现的 Bug。

◆▶ 程序清单 68：

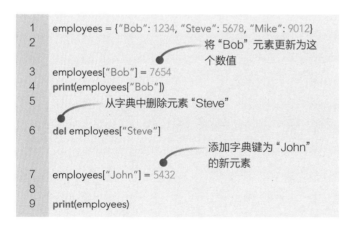

```
1   employees = {"Bob": 1234, "Steve": 5678, "Mike": 9012}
2                                        将 "Bob" 元素更新为这
                                         个数值
3   employees["Bob"] = 7654
4   print(employees["Bob"])
5                    从字典中删除元素 "Steve"
6   del employees["Steve"]
                                 添加字典键为 "John"
                                 的新元素
7   employees["John"] = 5432
8
9   print(employees)
```

这里，我们创建和程序清单 67 中相同的字典，但是在第 3 行我们更改了键名为 "Bob" 的元素中包含的数值。在第 6 行，我们从字典中删除了 "Steve" 元素，在第 7 行中我们告诉 Python 增加一个新元素，键名为 "John"，值为 5432。最后一行代码显示字典（显示键和值），你可以看到最终结果——

"Bob""John""Mike"元素。

要查明一个字典中是否包含其特定元素，我们可以使用"in"关键字并结合字典名及键名。这使我们可以构建更高级的程序，例如在程序清单 69 中，我们从用户输入中取得员工姓名，然后显示对应的电话号码。

➡️ 程序清单 69:

```
1   employees = {"Bob": 1234, "Steve": 5678, "Mike": 9012}
2
3   text = ""
4
5   while text != "q":
6       text = input("Enter a name, or 'q' to quit: ")
```
"employees"字典是否包含键名为"text"的变量？
```
8   if(text in employees):
```
如果包含就打印该变量的内容
```
9       print(employees[text])
10  else:
11      print("Not found")
```

我们在第 5 行中开始一个循环，从用户那里取得输入，当输入"q"时结束循环（和程序）。当用户输入一个姓名（大小写敏感）时，我们在第 8 行中用前述的"in"关键字进行检查。如果和"employees"字典中的键名相匹配，也就是说，用户输入了"Bob""Steve"或者"Mike"，则显示对应的值。否则，程序打印"Not Found"（未找到）。

5.3.4　一个实例

到目前为止，我们学到的知识已经可以构建一个实用的小型员工目录程序了，如程序清单 70 所示。目前我们还不知道如何做的一件事是如何从磁盘加载数据和将数据保存到磁盘，这些知识将在本书的后面有介绍。现在，我们创建两个加载和保存的"桩"函数，这些函数不进行任何操作，只是提醒我们在以后使用时必须用可以正常工作的代码填充它们（用"×××"表示需要注意的事项是编码中的常见做法，因为它们便于查找）。

下面就是我们完整的功能（除了加载和保存之外）程序。我们需要打印一条欢迎消息，要求用户输入单字母的命令，然后执行相应的操作。

程序清单 70:

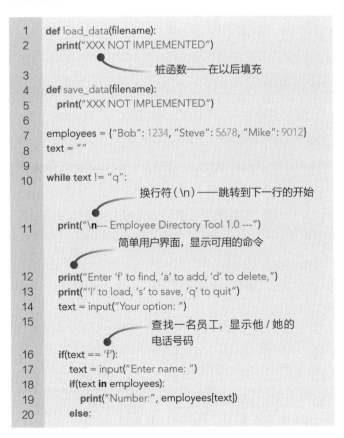

```
1   def load_data(filename):
2       print("XXX NOT IMPLEMENTED")
                                    桩函数——在以后填充
3
4   def save_data(filename):
5       print("XXX NOT IMPLEMENTED")
6
7   employees = {"Bob": 1234, "Steve": 5678, "Mike": 9012}
8   text = ""
9
10  while text != "q":
                        换行符（\n）——跳转到下一行的开始

11      print("\n--- Employee Directory Tool 1.0 ---")
                        简单用户界面，显示可用的命令

12      print("Enter 'f' to find, 'a' to add, 'd' to delete,")
13      print("'l' to load, 's' to save, 'q' to quit")
14      text = input("Your option: ")
15                      查找一名员工，显示他 / 她的
                        电话号码
16      if(text == 'f'):
17          text = input("Enter name: ")
18          if(text in employees):
19              print("Number:", employees[text])
20          else:
```

```
21          print("Not found")
22                              在字典中添加新的员工和号码

23      elif(text == 'a'):
24          text = input("Enter new name: ")
25          num = int(input("Enter number: "))
26          employees[text] = num
27                              从字典中删除一名员工

28      elif(text == 'd'):
29          text = input("Enter name: ")
30          if(text in employees):
31              del employees[text]
32          else:
33              print("Not found")
34
35      elif(text == 'l'):
36          text = input("Enter filename to load: ")
37          load_data(text)
38
39      elif(text == 's'):
40          text = input("Enter filename to save: ")
41          save_data(text)
```

啊，这是我们到目前为止见到的最长的程序了！而且，这也是最实用的程序，用实例展示了我们介绍过的许多知识。你应该可以理解这个程序，但是我们还是要说明其中的几个要点。

```
Command Prompt - python listing70.py                    —  □  ×

--- Employee Directory Tool 1.0 ---
Enter 'f' to find, 'a' to add, 'd' to delete,
'l' to load, 's' to save, 'q' to quit
Your option: a
Enter new name: Kevin
Enter number: 9876

--- Employee Directory Tool 1.0 ---
Enter 'f' to find, 'a' to add, 'd' to delete,
'l' to load, 's' to save, 'q' to quit
Your option: f
Enter name: Mike
Number: 9012

--- Employee Directory Tool 1.0 ---
Enter 'f' to find, 'a' to add, 'd' to delete,
'l' to load, 's' to save, 'q' to quit
Your option:
```

在程序清单 70 中，我们使用了到目前为止介绍过的一些技巧，编写了一个可以扩展为实际应用的程序。

首先，如果我们有能力加载和保存文件，可以在一开始要求用户输入一个文件名。但是，我们目前还没有这个能力，所以在第 7 行的代码中建立字典。

然后，我们从第 10 行开始了一个"while"循环，打印一些信息文本，作为简单的用户界面。注意，第 11 行中的"\n"是一个换行符，为界面提供一些间隔。因为每次循环中都显示帮助文本，所以额外的空行可以将屏幕上显示的内容稍稍分开一些，使程序的输出更容易辨认。

接下来的"if"和"elif"代码块使用我们前面练习过的技巧，搜索、添加和删除字典中的项目。最后的两个"elif"代码块处理文件，进行加载和保存，我们还使用"input"获得文件名，从而完成了主代码。我们以后要做的就是填充"load_data"和"save_data"中的代码，不需要在主代码中增加更多的内容。这就是之前介绍的模块化的实际运用。

试着运行这个程序，你可以搜索员工（大小写敏感）、增加新员工和删除现有员工。为了节约篇幅，我们的用户界面和输入文本都很简短，你可以增加更多的反馈信息和错误提示。

循环读取字典

在某些情况下，你可能想在字典上执行循环，获取每个项目的键名和值。用"for"循环实现很简单，只需要在字典名称后面加上".items()"，将结果放入两个变量中即可。

⏩ 程序清单 71：

```
1  employees = {"Bob": 1234, "Steve": 5678, "Mike": 9012}
2
3  for name, number in employees.items():
4      print("Call", name, "on", number)
```

第 3 行的"for"循环逐个读取字典中的所有项目，将键放入"name"变量，值放入"number"变量。因此，第一次循环时，"name"变量包含"Bob"，"number"变量包含 1234；第二次循环时，"name"包含"Steve"，"number"包含 5678，以此类推。

5.4 数据和函数

在本书前面的章节中，我们已经了解到可以从函数中取回数据。程序清单

36 展示了使用"return"关键字的实例。对于你所创建的许多函数，它们只需要发回一段数据，例如文件名或者错误号。但是，随着你所创建的程序越来越复杂，你可能需要函数接收或者返回不同数量的数据，这就是我们现在要探索的问题。让函数返回多个数据的最简方法就是用逗号分隔它们，如程序清单 72 所示。

➡ 程序清单 72：

```
1    def my_func():
2        return 50, 9000
3
4    x, y = my_func()
5
6    print(x)
7    print(y)
```

第 2 行中的"return"返回两个值——50 和 9000，在第 4 行中这些值被分别放入"x"和"y"变量。当然，你也可以添加更多返回值和变量，这都取决于程序所要实现的目标。

但是，如果你要从函数返回多个值该怎么办？使用单独的变量可能变得很乏味，尤其是在这些变量只是临时使用且又必须为它们取新的名称时。幸运的是，我们的好朋友——元组又可以大显身手了。函数可以在括号中返回一系列值，并将其转换为元组，调用代码可以在单一名称下进行访问。在下面的程序中就是这么做的。

➡ 程序清单 73：

```
1    def my_func():
                                    括号使返回值变成一个元组
2        return (50, 9000, 200)
3
4    mytuple = my_func()
5
6    print(mytuple[0])
7    print(mytuple[1])
8    print(mytuple[2])
```

在第 2 行里，通过将返回值放在括号中，我们可以将其捆绑成单一的数据类型——元组。这意味着，我们可以用一行代码访问其中的所有内容，正如代码第 4 行所示。然后，在第 6 行到第 8 行，我们用方括号访问元组的单独元素（再次重申，0 引用元组中的第一个元素——在本例中是 50）。

在前面已经讨论过，元组不能更改，所以如果你想修改返回值，最好是用列表代替。我们已经知道，元组和列表有很多相似性。因此，在程序清单 73 中，你可以将第 2 行的圆括号替换成方括号，将元组改成列表（可以将第 4 行的名称改成"mylist"或者其他，以避免混淆）。

函数可以返回单个值、单独指定的多个值或者元组、列表甚至字典。考虑到前面讨论过的变量作用域，函数中的变量不能覆盖其他地方使用的全局变量，你可以创建一个高级函数，处理和返回多个数据，这些功能都有很好的模块化特性，不会影响主程序代码的运行。

到目前为止，我们创建的每个函数定义中都有指定数量的参数。回顾程序清单 32，它有一个参数"name"。程序清单 34 有两个参数"x"和"y"。对于大部分编程工作来说，应该知道函数所需要完成的工作和应该使用的参数个数。函数可以使用不同数量的参数（有时候一个，有时候几个，有时候甚至十几个）的功能很实用。

例如，考虑一个取得一系列数值并返回其平均值的函数。调用该函数的代码有时候可能只需要向函数发送少数数值，其他时候则可能发送一个很大的数据集。通过使用任意参数长度标记——星号，我们就可以编写接受不同参数数量的函数。下面是一个实例。

程序清单 74:

```
                          星号将此变成一个元组

1   def average(*numbers):
2     result = sum(numbers) / len(numbers)
3     return result
4
5   x = average(10, 20, 30)
6   print(x)
7
8   x = average(10, 20, 30, 40, 50)
9   print(x)
```

可以看到，这里的"average"函数中只有一个参数"numbers"，但是在前面放了一个星号之后，就将它变成了一个元组。传递给函数的所有数值（不管有多少个）都被放到这个元组中。在第 2 行，我们用两个内建例程生成这些数值的平均数：取得元组中所有数值的总和，然后除以元组的长度（即包含的元素数量）。最后，在第 3 行将结果返回给调用代码。

在第 5 行和第 8 行中，你可以看到我们两次调用"average"函数，每一次都使用不同数量的参数。由于使用了元组，该函数才不会混乱，而是轻松愉快地完成自己的工作。如果需要向函数传递一个元组或者列表，而不是像第 5 行和第 8 行那样的单独数值时，该怎么做呢？

你不能直接以参数的形式发送元组或者列表，这将使 Python 大为困惑，因为该函数需要的是一系列数值。我们必须再次使用星号，但是这一次是在调用代码的过程中使用。看看程序清单 75。

程序清单 75:

```
1   def average(*numbers):
2     result = sum(numbers) / len(numbers)
3     return result
4
5   mytuple = (10, 20, 30)

                          在发送给函数之前取出元组中的项目

6   x = average(*mytuple)
```

```
7    print(x)
8
9    mylist = [10, 20, 30, 40, 50]
10   x = average(*mylist)
11   print(x)
```

> **提 示**
>
> 　　希望在这个时候，你已经开始熟悉 Python 的结构和语法了。不过，有些细节可能仍让你感到烦恼，例如用于不同目的的同一个符号。我们已经看到，星号可以表示乘法、任意函数参数和元组 / 列表拆解。为什么会出现这样的重复？ Python 设计者们不能用其他方法，比如"MULTIPLY"关键字吗？当然是可以的，但是会使代码看上去很难看。在学习的过程中可以从上下文清楚地看出每个符号的作用，然后慢慢变成一种习惯。正如在人类的语言当中，同一个词可能根据上下文和在句中的位置差异而表达大不相同的含义，但是我们（在大部分情况下）都能够理解。

　　第 6 行和第 9 行的星号告诉 Python 将元组和列表展开（或者"拆解"）为单独的元素，然后发送给函数。这是不可或缺的一步，因为该函数期待的是单独的数值而不是另一个数据类型。如果没有星号，Python 将显示"unsupported operand type（s）"（不支持的操作类型），程序将不能正常工作。使用星号后，对开发者和正在努力工作的 Python 解释程序来说，一切都变得很清楚。

挑战自我

　　1. 如果字符串变量"mystring"包含"Hello"，如何引用包含字母"o"的元素？

　　2. 元组和列表之间有何不同？

　　3. 如果"mylist"是一个姓名列表，你希望对它进行大小写不敏感的排序，如何实现？

　　4. 如果你有一个名为"employees"的字典，如何删除键为"Bob"的元素？

　　5. 如何定义一个"summary"函数，使它可以调用"data"中任意个数的元素？

06

第 6 章
保存结果

在 20 世纪 80 年代初，许多家庭计算机还不能提供任何加载或者保存数据的功能。使用时，你必须人工输入想要运行的任何程序或者游戏，它们通常来自书籍或者杂志上的一个程序清单。对于小程序来说，这还不是很麻烦，正如我们在本书前面所说的，手动输入程序确实是学习编程语言的一种好方法。

但是最终，每个严谨的计算机用户都需要某种永久保存数据的方法。对于旧的 8 位计算机来说，通常使用磁带机——有些计算机内置了磁带机，如令人敬畏的 ZX Spectrum +2。当然，这些磁带机之后被软盘驱动器所取代，后来又出现了 CD-RW、SD 卡和 USB 闪盘。

无论如何，除了简单的演示和游戏之外，大部分程序都需要加载及保存数据，这也就是本章所要了解的主题。你现在可能已经对 Python 有所期待，这种语言有许多有用的例程和功能，使这一过程变得相当简单。

6.1　将数据保存到文件

我们之前已经使用过字符串和数值变量形式的数据，但是，如何将这些数据保存为磁盘上的文件呢？你可能还记得"有趣的内建函数"一节，我们在那个小节里没有介绍的函数之一是"open"。这是 Python 用于访问文件的函数，很容易使用。我们需要做的就是指定一个文件名，以及打开文件的模式。

这个模式用一个单字符参数设定："r"表示读取数据，"w"表示写入数据（如果文件已经存在则覆盖原文件）、"a"表示在现有文件的末尾附加数据。让我们通过程序清单 76 来看看它们是如何工作的。

➡ **程序清单 76:**

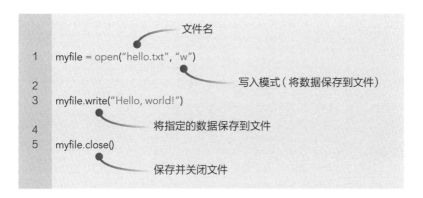

```
1  myfile = open("hello.txt", "w")        文件名

2                                          写入模式（将数据保存到文件）
3  myfile.write("Hello, world!")
                                           将指定的数据保存到文件
4
5  myfile.close()
                                           保存并关闭文件
```

相当简单，不是吗？在第 1 行中，我们打开一个名为"hello.txt"的文件——如果不存在，Python 将创建一个空白文件；如果文件已经存在，将打开这个文件，删除其中的所有数据，以便写入新数据。"open"返回一个文件对象，我们将其保存在"myfile"中。对象是本书后面要介绍的一个主题，但是它们有额外的机制。现在，只需要将"myfile"（或者你用于文件对象的任何名称）看成是引用已打开的特定文件的一种方法。

在第 3 行，我们用"write"告诉"myfile"对象，我们想要在其中保存一些数据。正如典型的"print"命令，我们将要保存的数据放在括号和引号中。在本例中，我们在文件中保存文本"Hello，world！"。但是，我们的工作还没

有完成，还需要告诉 Python，我
们已经完成文件的写入工作了，
希望确保所有数据完整保存并关
闭文件，这是重要的一步。在
第 5 行我们这么做了，此后，除
非再次打开，否则我们就不能对
"myfile" 对象进行任何操作。

运行这个程序，虽然屏幕
上没有输出，但是你可以在文
件管理器中看到 "hello.txt" 文
件出现于代码文件的同一个目
录中。在文本编辑器中打开该

```
Command Prompt                    —   □   ×

C:\Users\mike\Desktop\codingmanual>python
listing76.py

C:\Users\mike\Desktop\codingmanual>type
hello.txt
Hello, world!
C:\Users\mike\Desktop\codingmanual>
```

在 Windows 上用 "type" 命令（或者在 MacOS
和 Linux 上用 "cat" 命令），运行程序清单 76
之后，可以看到 "hello.txt" 文件中的内容。

文件，可以看到 "Hello, world!"。我们成功了，只花了 3 行代码，数据就被
保存到一个文件中！

注意，我们使用的 "write" 函数将数据当成字符流保存到一个文件
中——它不会在意具体格式。看看下面的程序会产生什么结果。

➡ **程序清单 77:**

```
1    myfile = open("hello.txt", "w")
2
3    myfile.write("Hello, world!")
4    myfile.write("We're learning coding.")
5    myfile.write("Pretty cool, right?")
6
7    myfile.close()
```

你可能认为第 3、4 和 5 行将在 "hello.txt" 文件中加入单独的几行文字，
但是实际上所有的数据都连接在一起："Hello, world! We're learning coding.
Pretty cool, right?"。为了解决这个问题，我们可以添加前面已经用过的换行
符（\n）。将这个符号添加到第 3、4 和 5 行中想要添加的字符串的后面，最
后的双引号的前面。再次运行程序，这一次每个 "write" 操作将把文本保

存在单独的一行中。

在写入文件之后使用"close"函数是很重要的，如果你在一段很长的代码中打开了多个文件，不知道在某个点应该关闭哪一个文件怎么办？对此有一个极具 Python 风格的解决方案，你现在可能猜得到，它使用了缩进代码块。

处理文件错误

在程序清单 76 中，我们是在与程序本身相同的目录下创建了"hello.txt"文件，所以我们应该有写权限。换言之，我们应该得到允许，作为常规用户在这里保存文件。但是如果你试图在不被允许的一个位置保存文件会发生什么情况？操作系统上的管理员或者"根"用户可以更改所有目录的文件，但是当你以常规用户账户登录时，可以更改的东西就有限了。这是为了阻止恶意软件和其他可疑程序感染关键的系统文件。

想要了解这是怎么一回事，可以常规用户账户登录，然后改变程序清单 76 第 1 行中的文件名：如果在 Windows 上，将其改为"C:\Windows\hello.txt"；如果在 MacOS 或者 Linux 上，使用"/hello.txt"（从斜杠开始）。在这两种情况下，我们都更改了程序，试图在常规用户不能接触到的位置（Windows 的特殊文件夹 C:\ Windows folder，和其他操作系统的根（/）文件夹中）保存一个文件。现在，当你运行代码时，程序将在第 1 行停止，显示"Permission denied"（拒绝访问）错误。

这很好，可以阻止我们的程序遭受任何破坏。但是，我们常常不希望程序在这里终止，而是可以处理错误并继续进行。这时我们可以采用"异常处理"技术。

▶ 程序清单 78:

```
1  try:
2      myfile = open("C:\Windows\hello.txt", "w")
3  except OSError as err:
4      print(err)
5
6  print("Moving on...")
```

这个程序可用于 Windows，在 MacOS 或者 Linux 上可以将文件名改为"/hello.txt"。这里的"try"和"except"代码块都包含自己的缩进代码，帮助我们捕捉错误而不终止程序。Python 尝试运行第 2 行中的"open"代码，如果可以正常工作，则会跳转到第 6 行中的下一个主代码。如果文件无法打开，生成"OSError"，我们将在第 3 行进行处理。我们将对应的错误信息放入"err"并显示，然后执行第 6 行中的代码。

运用这种技术，你可以尝试执行文件操作，在它们失败时用优雅的方式进行处理，而不是让 Python 简单地关闭整个程序。例如，你可以要求用户输入另一个文件名，或者插入一个外部设备，将数据保存在那里。

◆▶ **程序清单 79:**

```
                      新代码块
1   with open("hello.txt", "w") as myfile:      我们只在代
                                                 码块中使用
2       myfile.write("Hello, world!\n")          这个文件
3       myfile.write("We're learning coding.\n")
4
5   print("Program ending.")
```

在第 1 行中，我们像平常一样打开文件，但是在后面放上一个 "with"
关键字，并添加 "as myfile" 和一个冒号，使 "myfile" 在后面的缩进代码中
使用。"myfile" 将只存在于缩进代码块的生命周期内，和我们在本书中前面探索的局部变量很类似。在第 2 行和第 3 行中，我们将一些数据写入文件，代码块结束。这里发生了什么？Python 自动地在执行第 5 行之前关闭了文件。一旦缩进结束，代码块也随之结束，我们就不能够再访问 "myfile" 了（当然，除非我们重新打开它）。

```
Command Prompt                        —   □   ×

C:\Users\mike\Desktop\codingmanual>python
listing79.py
Program ending.

C:\Users\mike\Desktop\codingmanual>type
hello.txt
Hello, world!
We're learning coding.

C:\Users\mike\Desktop\codingmanual>
```

程序清单 79 中的 "hello.txt" 有两
行文本，我们用了一种特殊的方法
打开文件，所以不需要手动关闭它。

> **提 示**
>
> 　　如果想在现有文件的最后写入数据，而不是删除其内容，可以在调用"open"
> 时使用"a"（意为"附加"）写入参数。为了尝试这一参数，我们编辑程序清单
> 79，将第一行的"w"改成"a"，然后多次运行程序。现在如果你查看"hello.txt"
> 的文件内容，将会看到每当程序运行时，都会在文件末尾加入文本行。

6.2　读取文本和二进制文件

我们已经保存了数据，现在让我们看看如何从磁盘加载数据。实际上访问文件的过程非常类似，也可以用本章前面的"处理文件错误"框中描述的"try"和"except"功能优雅地处理错误（如丢失文件等）。下面是访问一个文件读取数据的方法。

⬛▶ 程序清单 80:

如果在这个程序所在的目录下有一个"hello.txt"文件，运行这个程序应该会看到"File opened"（文件已打开）的信息。但是，更改第 2 行中的文件名为一个不存在的文件，就会看到我们的异常处理程序（从第 4 行开始）运行。将这些功能组合起来，我们就拥有了读取数据打开文件的合理方法，并在出现错误时有相应的备选方案。

现在我们来看看，如何从一个文件中提取数据。为了运行下面的例子，确保"hello.txt"文件包含几行文本——具体内容无关紧要，只需要有三四行文本供程序清单 81 使用即可。

◀▶ **程序清单 81:**

```
1   try:
2       myfile = open("hello.txt", "r")
3                   读取文件的每一行
4       for text_line in myfile:
5           print(text_line, end="")
6                                   不添加换行符
7       myfile.close()
8
9   except OSError as err:
10      print("File couldn't be opened:")
11      print(err)
```

在此，我们以只读模式打开"hello.txt"文件，然后在第 4 行开始一个"for"循环。这个循环简单地读取文件中的每一行，在每次循环中将各行的内容放入"text_line"变量。如果"hello.txt"包含 3 行文本，这个循环将运行 3 次——第一次读取文本的第 1 行，第 2 次读取第 2 行，最后是第 3 行。

一次读取整个文件

在程序清单 81 中，我们创建了一个"myfile"对象来处理一个文本文件，并在一个"for"循环中逐行读出其中的内容。如果想要一下子读出整个文件，有什么选择？在"hello.txt"文件中先加入多行随机文本，然后尝试如下程序。

◀▶ **程序清单 82:**

```
1   text_data = open("hello.txt", "r").read()
2
3   print(text_data)
```

第 1 行最后添加的".read()"告诉 Python 从文件中读取所有数据，将其放在字符串变量"text_data"中。这是原始数据，包含换行符和其他常规文本中不可见的符号。此外，一旦 Python 读取文件后，它会自动关闭文件，你不需要重复这一工作。

如果想一次读取整个文件，但是需要将数据分解为单独的行，也是可以的。为此，将程序清单 82 中的".read()"改成".readlines()"，该函数将返回一个列表而不是简单的字符串。然后，你可以按照如下的方法遍历列表。

➡ 程序清单 83:

```
1    text_list = open("hello.txt", "r").readlines()
2
3    for line in text_list:
4        print(line, end="")
```

执行第一行之后,"text_list"是一个包含文件所有行的列表。因此,"text_list[0]"包含第 1 行,"text_list[1]"包含第 2 行,以此类推。我们可以用一个"for"循环读取文件中的所有行并打印(在"print"指令中添加"end"参数,避免重复打印文件中已经存在的换行符)。

注意"print"函数调用中额外的"end"参数,对这个参数的使用可以追溯到程序清单 42,它可以阻止"print"在每行显示之后增加一个换行符。因为文本文件本身已经包含换行符了,"print"就不需要增加自己的换行符(否则我们会有双倍行距,可以尝试删除"end"参数,看看结果如何)。

6.2.1 处理结构化数据

如果你的程序只需要处理简单的纯文本,那么祝贺你,你现在已经学习了所需的所有工具及技能。但是有些时候,你需要处理更结构化的数据,从中取出需要的部分。以备受推崇的逗号分隔值(CSV)格式为例,这种格式常用于在不同的电子表格程序之间交换数据。在 CSV 文件中,每一行就像电子表格中的一行,每列由逗号进行分隔。

回到员工目录的例子。在 Python 程序的同一目录下创建一个新的文本文件"data.txt",并在其中放入如下内容:

```
Mike, 1234
Bob, 4567
Steve, 8910
```

文件中共有 3 行,每行包含一个名字和一个分机号,由逗号进行分隔。这是一个简单的 CSV 文件,现在我们将探索如何用 Python 代码处理它。

我们希望程序能够读取这个文件,浏览每一行,取出每行中的两部分信息（名字和号码）。首先，可以从逗号的位置进行分割，这将得到一个列表形式的结果。然后，我们可以用这个列表的内容填充"employee"字典。听起来是不是很难？实际上很简单，如程序清单 84 所示。

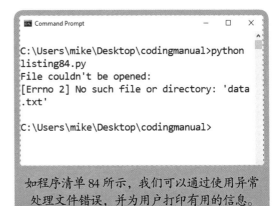

```
C:\Users\mike\Desktop\codingmanual>python
listing84.py
File couldn't be opened:
[Errno 2] No such file or directory: 'data
.txt'

C:\Users\mike\Desktop\codingmanual>
```

如程序清单 84 所示，我们可以通过使用异常处理文件错误，并为用户打印有用的信息。

➡ **程序清单 84:**

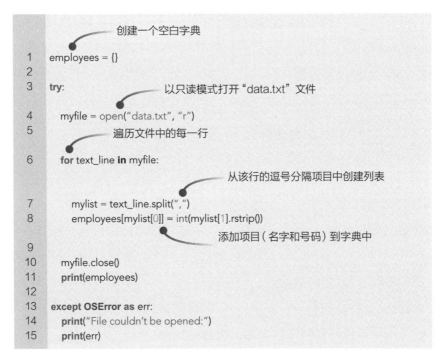

```
1   employees = {}          创建一个空白字典
2
3   try:                     以只读模式打开"data.txt"文件
4       myfile = open("data.txt", "r")
5                            遍历文件中的每一行
6       for text_line in myfile:
                             从该行的逗号分隔项目中创建列表
7           mylist = text_line.split(",")
8           employees[mylist[0]] = int(mylist[1].rstrip())
                             添加项目（名字和号码）到字典中
9
10      myfile.close()
11      print(employees)
12
13  except OSError as err:
14      print("File couldn't be opened:")
15      print(err)
```

程序中，我们创建了一个空白字典，然后打开之前创建的"data.txt"文件。在第 6 行，我们开始一个"for"循环，读取文件中的每一行。每处理一行，我们都执行第 7 行中的"split"（分割）操作：根据逗号的位置，将"text_line"的内容分成多个部分，并以列表形式返回结果。

当第 7 行处理"text_line"变量中的"Mike，1234"时，"split"操作将"Mike"放到"mylist[0]"中，1234 放到"mylist[1]"中，逗号本身被抛弃。

一切都很顺利，我们已经能够读取数据，并将其解析为更结构化的格式，而不只是简单文本。

下一步做什么？在第 8 行，我们将名字（键）和号码（值）填充到字典中。正如前面所见，要在字典中增加项目，我们只需要提供键和值，不需要使用任何特定的插入函数。所以，在第一次循环时，我们在字典中添加"mylist[0]"（"Mike"）作为一个键，用"int"将"mylist[1]"从字符串转换成对应的整数（1234）作为它的值。

注意这里的"rstrip()"操作，它删除了号码最后的多余数据（例如换行符）。我们并不真的需要这么做，因为 Python 很聪明，可以从字符串中提取数值而忽略没有价值的数据，但是在使用之前清理数据是一个好习惯。

> **提示**
>
> 凭借程序清单 84 中第 7 行的"split"操作，我们也可以处理许多其他数据类型。例如，逗号分隔文件的常见替代品——制表符分割文件。编辑"data.txt"，按下 tab 键代替分隔名字和号码的逗号。然后编辑第 7 行，将"split"中的","改成"\t"（反斜杠 + t）。这将告诉 Python 从遇到制表符的地方分隔数据，你会得到相同的结果。如你所见，"\t"和"\n"是表示文本文件中通常不可见、仅用于添加间隔的字符的实用方法。

无论如何，在"for"循环完成之后，文件中的 3 行内容都已经处理并填充到我们的字典中了。最后，关闭文件并在屏幕上显示字典内容，你可以观察程序是否工作正常。这是使用 Python 将纯文本文件解析为可用的数据格式的实例，你可以在自己的程序中以此为基础充实功能。

6.2.2 读取二进制文件

虽然文本文件很适合用于读取、处理和存储人类可读数据，但是在某些场合下，你可能还需要处理二进制数据。计算机将这种数据看成一系列数字，在我们眼中通常没有意义。例如一幅图像，它是一个由成百上千个数字组成的文件，这些数字分别描述每个点的颜色、图像的宽度及使用的颜色数量等。浏览器通过读取图像文件中的二进制数据，对它进行处理并转换成屏幕上的点序列。

图像文件理论上可以用人类可读的文本创建，这种文件将包含数量庞大的行，形式类似于"在直角坐标系中放一个红色的点"，但那将是空间和时间的巨大浪费。因此，在这种时候我们使用二进制文件代替。在 Web 浏览器中，进入任何一个网站，将一幅小的图像保存到硬盘上（点击右键并选择"另存为"）。将其和你的 Python 程序保存在一起，取名为"image.dot"——在本例中，我们不考虑文件扩展名或者格式。只要保证图像文件小于 100KB，使 Python 处理起来不会花费太多时间就可以了！

接下来，输入并运行如下程序。

➡ 程序清单 85：

在本例中，我们以"rb"（二进制读取）模式打开文件，然后用一个"for"循环读取每一个字节。什么是字节？这是表示文件中单独数据段的最简方式。一个字节（Byte）可以包含 0~255 的值，1024 个字节称为 KB（千字节），1024KB 称为 MB（兆字节），1024MB 称为 GB（千兆字节）。

如果你下载的图像文件大小为 3KB，它将包含 3072（3×1024）个字节——也就是 3072 个 0~255 的数字。程序清单 85 中的"for"循环读取文件中的每个字节，并在屏幕上显示其数值。如果我们想要以文本格式打印"image.dat"的内容，只会看到毫无意义的数据和古怪的字符，因为这种文件不是以纯文本方式处理的。以人类可读的格式显示这些数字，我们将看到每个字节包含的内容，尽管它们现在对我们来说没有实际的意义。

对于大文件，你可能不想一次性读取这一大堆数据，特别是在你想要节约内存的时候。按照需要加载文件中的各个单独的字节也是有可能的，但是需要更多的努力。

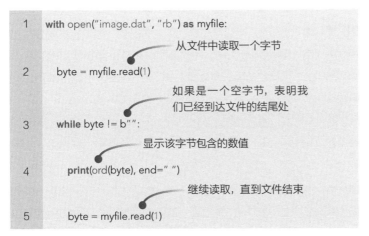

```
Command Prompt                            —   □   ×
C:\Users\mike\Desktop\codingmanual>python
listing85.py
66 77 138 16 0 0 0 0 0 0 138 0 0 0 124 0 0
 0 32 0 0 32 0 0 1 0 32 0 3 0 0 0 0 16
 0 0 19 11 0 0 19 11 0 0 0 0 0 0 0 0 0 0
 0 0 255 0 0 255 0 0 255 0 0 255 0 0 0 66
71 82 115 0 0 0 0 0 0 0 0 0 0 0 0 0 0 0
0 0 0 0 0 0 0 0 0 0 0 0 0 0 0 0 0 0 0 0
0 0 0 0 0 0 0 0 0 0 2 0 0 0 0 0 0 0 0 0
0 0 0 0 0 0 0 0 0 0 0 0 0 0 0 0 0 0 0 0
0 0 0 51 0 234 234 227 0 237 234 253 0 2
44 234 255 0 251 234 255 0 254 234 255 0 2
54 234 255 0 254 234 255 0 254 234 255 0 2
```

我们可以读取二进制数据，显示包含在
每个字节中的数字，如程序清单 85 所示。

⟹ 程序清单 86：

```
1   with open("image.dat", "rb") as myfile:
                                         从文件中读取一个字节
2       byte = myfile.read(1)
                                         如果是一个空字节，表明我
                                         们已经到达文件的结尾处
3       while byte != b"":
                                         显示该字节包含的数值
4           print(ord(byte), end=" ")
                                         继续读取，直到文件结束
5           byte = myfile.read(1)
```

第 2 行中的 "read" 操作从文件中取得一个字节，返回一个称为字节对
象的特殊数据类型。我们必须使用特定的格式化操作以处理这个对象，所以
在第 3 行中首先检查它是否为空，其中在引号之前用 "b" 是为了确定我们
处理的是一个字节。如果字节为空，意味着我们已经到达文件的结尾处，循
环停止。否则，在第 4 行和第 5 行中，我们用 "ord" 以人类可读的格式打
印包含在字节中的值，然后从文件中读取下一个字节并继续循环。

接下来，我们将要进入相当高级的领域，对二进制数据的最终使用方

式将完全取决于你所编写的具体程序。如何解析各种图像、音频和视频格式超出了本书的范围（仅是有关各种文件规范的篇幅就要远远大于这本指南），但是现在你已经拥有了基础知识，可以用于以后研究特定文件格式的结构。

从命令行获取文件名

迄今为止，我们使用的文件名都是"硬编码"在程序中的。但是在许多情况下，你需要让用户提供一个文件名，通常是在他们运行程序的时候。例如，如果用户输入"python test.py data.txt"，他/她就是将"data.txt"作为一个额外的参数，告诉程序处理它。那么，我们如何在自己的 Python 代码中获取这部分信息呢？

我们必须要求操作系统提供一些帮助。操作系统可以告诉我们，刚刚编写的 Python 程序的命令行中给出了哪些额外的参数。为此，我们告诉 Python，我们需要访问一些系统信息，获取所有命令行参数到一个可供使用的列表中。下面是具体的做法。

➡ **程序清单 87：**

```
1   import sys
2
3   if len(sys.argv) == 1:
4       print("No filename specified!")
5       sys.exit(1)
6
7   try:
8       file_data = open(sys.argv[1], "r").read()
9       print(file_data)
10
11  except OSError as err:
12      print("File couldn't be opened:")
13      print(err)
```

在第 1 行中，我们将 Python 的一些附加功能导入（我们将在本书的后面介绍"import"（导入）的更多功能）到程序中，为了能够访问一些系统信息和服务。完成这一步后，"sys.argv"就包含用户运行程序时在命令行中输入的一个参数列表。

这里有几点非常重要：列表中的第 1 项"sys.argv[0]"是程序本身的名称——也就是"test.py""listing87.py"或者你为程序所取的任何名称，这意味着用户在"python test.py"之后输入的第一个真正的文件名是"sys.argv[1]"的内容。如果用户在运行程序时添加了更多参数，它们将保存在"sys.argv[2]""sys.argv[3]"…中。

因此，想要了解用户是否提供了额外的文件名参数，我们需要在第3行进行检查：如果"sys.argv"列表中只有一项，也就是Python程序自身的名称，就意味着用户没有指定一个文件名。在这种情况下，我们会打印一条信息，退回操作系统（错误代码1是为了操作系统的需要——我们常常使用1表示错误，0表示程序在运行成功之后退出）。

如果"sys.argv"列表中的项目超过一个，则意味着用户增加了一个文件名，如前所述，它将包含在"sys.argv[1]"中。从第7行起，我们试着打开和读取该文件，如果文件无法读取或者不存在则显示错误。

6.3 在文件中搜索

如果需要在一个文件中寻找特定的信息，Python提供了几种方法。首先，创建一个纯文本文件"data.txt"，包含如下4行内容。

```
Fly me to the moon
Let me play among the stars
Let me see what spring is like
On a–Jupiter and Mars
```

假定你的程序需要在这个文件中找出"spring"一词的位置。如果我们逐行读取文件，可以用如下方法。

💨 **程序清单 88:**

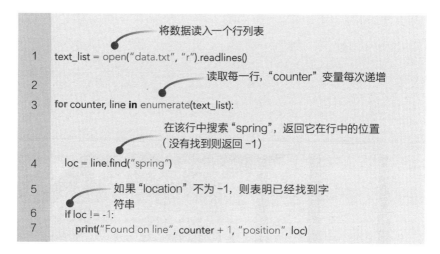

将数据读入一个行列表

```
1   text_list = open("data.txt", "r").readlines()
```

读取每一行，"counter"变量每次递增

```
3   for counter, line in enumerate(text_list):
```

在该行中搜索"spring"，返回它在行中的位置
（没有找到则返回 -1）

```
4       loc = line.find("spring")
```

如果"location"不为 -1，则表明已经找到字
符串

```
6       if loc != -1:
7           print("Found on line", counter + 1, "position", loc)
```

回顾程序清单 59 中的"enumerate"，这个操作让我们在浏览列表时跟踪所在的项目。因此，在这个循环的第一次迭代中，"counter"包含 0——引用文件中的第一行"text_list[0]"。下一次迭代中，"counter"变成 1，以此类推。在每一次循环中，文本内容都被放到"line"字符串变量中。

第 4 行代码是魔法之所在：它在"line"字符串变量中搜索文本"spring"，如果找到则返回其位置（也就是在多少个字符之后）；如果无法找到"spring"，"loc"的值为 −1。所以，我们在第 6 行中进行检查，如果找到文本则在第 7 行中打印其位置。

提示

想要在搜索中忽略大小写？这也是可能的，最好的方法是在行数据的小写版本中搜索小写字符串。这样，所有内容都是小写的，方便找到所有匹配。为此，将程序清单 88 中第 4 行的"line.find"修改为"line.lower().find"，这将生成"line"中文本的小写版本（注意，这并没有永久地改变"line"的内容，只是暂时用于比较）。现在，在后面的括号中使用一个小写字符串，搜索数据时就不会考虑大小写了。

注意，我们在本例中将"counter"变量加上 1。尽管 Python 从 0 开始计数列表中的项目，但是我们更倾向于从 1 开始计数。运行这段代码，改变第 4 行中的搜索内容，观察结果。

让我们暂时回到二进制文件,更具体地说,是一次一个字节地加载这些文件,就像程序清单 86 中那样。在处理文件时,Python 会跟踪我们正在读取的字节,也就是我们在文件中的位置。Python 可以"告诉"我们这个信息,也可以在必要时跳到文件中不同的位置。

在下面的例子中,我们再次使用了"image.dat"文件。我们要求用户输入一个数字(0~255),程序将显示文件中包含该数字的字节,即该数字出现在文件中的位置。此外,我们要求用户输入一个"偏移量",这是我们开始搜索的位置。如果文件的大小为 100KB(大约 10 万个字节),输入的偏移量为 5 万,Python 将在这一点之后(文件的下半部分)开始搜索。

让我们看看这个程序是如何工作的。

▪▶ 程序清单 89:

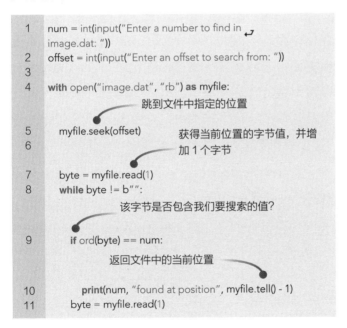

```
1   num = int(input("Enter a number to find in ↵
    image.dat: "))
2   offset = int(input("Enter an offset to search from: "))
3
4   with open("image.dat", "rb") as myfile:
                        跳到文件中指定的位置
5       myfile.seek(offset)
                        获得当前位置的字节值,并增
6                       加 1 个字节
7       byte = myfile.read(1)
8       while byte != b"":
                        该字节是否包含我们要搜索的值?
9           if ord(byte) == num:
                        返回文件中的当前位置
10              print(num, "found at position", myfile.tell() - 1)
11          byte = myfile.read(1)
```

在这一小段代码中包含了许多功能,让我们仔细介绍一下。首先,我们从用户那里获得两个整数值(所要搜索的数字和文件开始搜索的位置即偏移量)。接下来,我们以只读二进制模式打开"image.dat",然后在第 5 行查找或者跳到用户指定的位置。当我们第一次测试该程序时,以 0 为偏移值,然后尝试更改偏移量，看看结果有什么不同。

用程序清单 89 中的代码，我们可以搜索文件中的特定字节，显示它们在文件数据中的位置。

在第 7 行，我们从文件的当前位置读取一个字节，并将其保存在"byte"变量中，准备进入下面的循环。注意，每次使用"read"后，Python 将更新自己内部的文件位置计数器。当我们想要知道这个位置时，可以要求 Python "告诉"（"tell"函数）我们，这个过程在第 10 行中可以看到。因为"read"递增文件位置，所以当我们使用第 10 行中的"tell"函数时，文件的当前位置是在该数值之后。所以，需要将结果减去 1，才是数字的正确位置。

试着搜索任何 0~255 的数值，这个程序将显示哪些字节包含该数值。然后改变偏移量，以删除前面的搜索结果。

> **提示**
>
> 你已经知道，"seek"可以更改文件中的当前位置，用于后续的"read"操作。但是，如果想要回到文件开头，再次从那里开始读取该怎么办？答案很简单：只要以 0 为偏移量，使用"myfile.seek(0)"即可。

在本节的最后，我们将为你的 Python 技能库增加一个相当高级（也很实用）的技巧。在程序清单 89 中，我们搜索字节（0~255 的数值），但是许多程序需要处理比这大得多的数值。所有文件都是由字节组成的，它们如何表示大于 255 的数？答案就是：一次使用多个字节。假如第一个字节包含

24，下一个字节包含 183，那么将这两个字节组合起来，就可以得到一个大得多的数。(注意，这个数并不仅仅是把两个字节的值加起来，实际上比这更复杂。在这里，我们只关注搜索。)

两个字节组合起来可以容纳 0~65535 的数值。所以，如果想要修改程序清单 89 以处理双字节数值(常常称为"字")，我们就必须做一些改变。首先，我们需要一次性读取 2 个字节，而不是 1 个；其次，我们还需要告诉 Python 如何解读这两个字节，并将它们组合成单个数。

▶ 程序清单 90：

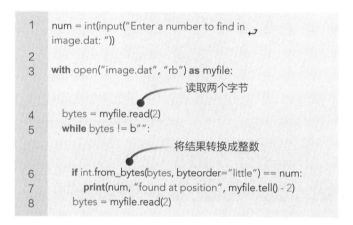

```
1    num = int(input("Enter a number to find in
     image.dat: "))
2
3    with open("image.dat", "rb") as myfile:

                            读取两个字节
4        bytes = myfile.read(2)
5        while bytes != b"":

                            将结果转换成整数
6            if int.from_bytes(bytes, byteorder="little") == num:
7                print(num, "found at position", myfile.tell() - 2)
8            bytes = myfile.read(2)
```

为了缩短这个程序，我们删除了程序清单 89 中关于偏移量的代码。在第 4 行中，我们读取两个字节(而不是 1 个)，将其保存在"bytes"变量中。然后，在第 6 行我们要求 Python 创建这两个字节的整数表示，以便和"num"变量对比。

将两个(或者更多)字节组合成一个数字的方法根据 CPU 架构而各不相同，这是另一个主题了(如果你感兴趣，可以在网上搜索"字节顺序"，但是这个主题相当复杂)。我们所要做的就是在从字节生成整数时，将字节顺序设置为"little"，这是 32 位和 64 位 PC 及 Mac 和大部分树莓派的规范。

最后，我们在第 7 行显示位置。记住，此时"tell"函数返回的是搜索到的数值后的位置。因为"read（2）"在返回数据之后将位置向后移动了 2 个字节，所以这里我们必须减去 2，才能得到数值的原始位置。

> **提 示**
>
> 你可能觉得奇怪，为什么字节和字中包含了如此不同的数值。为什么字节的最大值是 255，而字是 65535？为了理解这一点，你必须深入了解二进制。这个主题超出了本书的范围，它对于大部分 Python 编码工作是不必要的，但是如果你感兴趣，可以在网上查找"二进制介绍"或者类似的词语。

6.4 处理 Python 数据

在程序清单 84 中，我们了解了逗号分隔值（CSV）格式结构化数据的加载。当你需要处理文本和数字的时候，可以将这段代码用于程序中，但是分解数据并将其组织成合适的格式有些令人头痛。如果你只想要快速地将某些 Python 数据保存到磁盘，方便以后读取，该怎么做？幸运的是，有一种简洁的方法："腌制"（Pickling）。

是的，这是个很怪的名字，但是不用理会。Pickling 是将 Python 数据对象（如列表或者字典）转换为某种紧凑二进制形式的过程，这种二进制形式可以保存在文件中，并快速读取。与纯文本文件相比，这种方式有一些缺点，它不能在常规文本编辑器中编辑"腌制"过的 Python 数据，

但是使用起来很简单，不需要任何复杂的解析技术。下面的例子展示了
Pickling 的工作方式。

◆▶ **程序清单 91：**

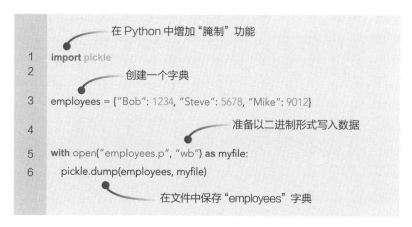

```
        在 Python 中增加"腌制"功能
1   import pickle
2               创建一个字典
3   employees = {"Bob": 1234, "Steve": 5678, "Mike": 9012}
                          准备以二进制形式写入数据
4
5   with open("employees.p", "wb") as myfile:
6       pickle.dump(employees, myfile)
                在文件中保存"employees"字典
```

```
Command Prompt                    —  □  ×

C:\Users\mike\Desktop\codingmanual>python
listing91.py

C:\Users\mike\Desktop\codingmanual>type
employees.p
██}q (X█   Mikeq█M4#X█   Steveq█M.█X█   Bo
bq█M██u.
C:\Users\mike\Desktop\codingmanual>
```

在运行程序清单 91 后，你会在"employees.p"文件中看到一些奇怪的字符，这是因为它以二进制模式写入，对我们的眼睛来说没有任何意义。

如前所述，我们将在本书后面的章节中介绍"import"函数，现在我们需要知道的就是，在 Python 程序中增加了"腌制"数据的能力。首先创建一个字典，然后打开（如果不存在则创建）一个"employees.p"文件，以二进制模式写入（"wb"）。你可以使用自己喜欢的任何文件名，不过我们建议增加".p"扩展名以保持一致性，这样你就知道，".p"文件包含腌制的

数据。

运行这个程序，它当然不会显示任何东西，但是你会在代码的同一目录下找到 "employees.p" 文件。现在，我们来看看文件的内容，在 MacOS 或者 Linux 下可以使用 "less employees.p" 命令，在 Windows 上则可以将其扩展名改为 ".txt"，尝试用记事本打开。你看到了什么？只是一些随机的文字，可能还有少数人类可读数据，例如字典中的姓名。这种格式是为 Python 而设计的，对我们的眼睛来说没有任何意义。

我们已经看到，pickle.dump 例程用于保存数据，但是加载又该怎么做呢？下面我们从刚刚创建的 "employees.p" 文件中取回字典。

➡ **程序清单 92：**

```
1   import pickle
2
3   with open("employees.p", "rb") as myfile:
                                从文件中取得数据，保存在
                                "employees" 中
4       employees = pickle.load(myfile)
5
6   print(employees)
```

这一次，我们打开文件，以二进制模式读取（第 3 行中的 "rb"），然后用 pickle 模块中的 "load" 例程提取数据，放入 "employees" 中。从此以后，"employees" 是一个字典，我们可以像往常一样进行检查和使用。除此以外，"腌制"操作也可用于列表。

除了使用腌制方法外，还可以尝试 JSON。如果你关注近年来 Web 的发展，就可能听说过 JSON——"JavaScript 对象标记"。这是一种用于存储数据的纯文本格式，在 Web 开发人员中大受欢迎，主要是因为 JavaScript 在 Web 浏览器和 Web 服务器上应用甚广。JSON 以一种容易在 JavaScript 中处理的方式保存数据，Python 也包含了处理这种数据格式的模块。

实际上，以 JSON 格式保存数据的方法和"腌制"几乎相同。下面是保存字典的例子。

程序清单 93:

```
1   import json
2
3   employees = {"Bob": 1234, "Steve": 5678, "Mike": 9012}
4                                        以纯文本方式写入数据
5   with open("employees.json", "w") as myfile:
6       json.dump(employees, myfile)
```

这段代码和程序清单 91 的关键差异在于，当我们导入"json"功能到程序中，打开文件写入时，使用"w"模式以写入纯文本而没有使用"b"模式（因为我们不写入二进制数据）。JSON 是一种人类可读的纯文本格式（虽然复杂的数据可能难以人工处理），如果你在运行这个程序之后查看"employees.json"的内容，可能会大吃一惊。

> **提示**
>
> 在程序清单 93 中，我们展示了将 Python 对象的 JSON 表现形式保存为一个文件的方法。但是，如果你只想在屏幕上显示 JSON 版本（可能是为了调试的目的）呢？对于这种情况，可以使用"json.dumps"，最后的"s"表示一个字符串，即生成一个包含 JSON 数据的字符串。例如，如果在程序清单 93 中增加"print(json.dumps(employees))"命令，就会看到实际的运行情况。如果有很多数据，希望使其容易阅读，可以用这样的命令："print(json.dumps(employees, indent=4))"，结果将以 4 个空格的倍数增加缩进。

这看上去就像第 3 行中的字典定义（项目的顺序可能略有不同），其实 Python 的列表、字典两种数据结构和 JSON 在格式上有许多共同点。不过，也有一些细微的差别，所以重要的是始终转换为合适的格式，不要以为它们看上去相似就可以理解数据。

要加载 JSON 数据，使用和程序清单 92 相同的方法，将"pickle"更改为"json"，并以文本读取模式（"r"）打开文件。我们还是来看一个读取较为复杂的 JSON 数据的例子，这些数据项中有多个子项。

这里有一个网店目录的 JSON 列表，包含 2 种商品——它们都是游戏机。第一件商品的标识（"id"）为 1，名称为"SNES"（"超级任天堂"，也许你还记得），价格为 199。这件商品还包含一个捆绑游戏的子列表——"Mario"
和"Zelda"。

第二件商品的"id"为 2，名称为"Sega Mega Drive"，也包含价格和捆
绑游戏。

```json
[
  {
    "id": 1,
    "name" : "SNES",
    "price": 199,
    "games": [
      "Mario",
      "Zelda"
    ]
  },
  {
    "id": 2,
    "name": "Mega Drive",
    "price" : 149,
    "games": [
      "Sonic",
      "Columns"
    ]
  }
]
```

如果你已经下载了包含所有程序清单的 Zip 文件，就会在"data.json"中找
到这些数据。注意，这里的缩进不是必要的，只是为了说明数据的结构。

因为这些数据是商品的列表，所以我们以方括号开始。每个商品就像一
个 Python 字典，它们以大括号开始和结束，中间用逗号分隔不同的商品。

每个商品中的"games"字典输入项是一个列表，因此使用方括号。总
的来说，这很像我们已经使用过的 Python 数据结构，所以你可能不需要花
多大力气就能够理解。

下面是读取"data.json"文件，返回数据中第一件商品价格的程序（记
住，我们的商品从 0 开始计数，第一件是 SNES）。

程序清单 94：

```
1   import json
2
3   with open("data.json", "r") as myfile:
4       mydata = json.load(myfile)
5
6   print(mydata[0]["price"])
```
从商品 0 中获取 "price" 字典键

第 6 行完成所有魔法，中间使用多组方括号限定数据。第一个方括号告诉 Python 查找数据中的第一件商品（商品 0），第二个方括号告诉它获取商品中 "price" 键的值。接下来，我们尝试一个更为实用的例子——要求用户输入一个 ID，然后打印出商品相关细节的程序。

程序清单 95：

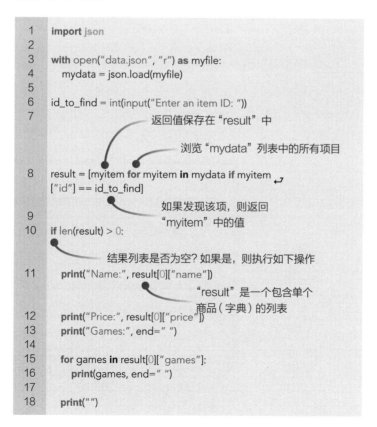

```
1   import json
2
3   with open("data.json", "r") as myfile:
4       mydata = json.load(myfile)
5
6   id_to_find = int(input("Enter an item ID: "))
7
8   result = [myitem for myitem in mydata if myitem
    ["id"] == id_to_find]
9
10  if len(result) > 0:
11      print("Name:", result[0]["name"])
12      print("Price:", result[0]["price"])
13      print("Games:", end=" ")
14
15      for games in result[0]["games"]:
16          print(games, end=" ")
17
18      print("")
```

返回值保存在 "result" 中

浏览 "mydata" 列表中的所有项目

如果发现该项，则返回 "myitem" 中的值

结果列表是否为空？如果是，则执行如下操作

"result" 是一个包含单个商品（字典）的列表

```
19    else:
20        print("Not found!")
```

哇！这是一个相当复杂的程序，但是它教会了我们许多关于搜索和处理复杂结构化数据的技巧。这里最需要注意的是，"data.json"包含一个列表（用方括号表示），该列表又包含两个字典：一个包含"SNES"的信息，另一个包含"Mega Drive"的信息。

因此，在我们从用户那里获得一个ID之后，从第8行开始执行搜索的任务。这对我们来说是一种新技术，称为"列表推导"，即用一个列表生成另一个列表。虽然从文件中加载的"mydata"包含两个字典，但是第8行生成一个新列表，只包含"id"值与从用户那里得到的数值相符的字典。

但是，这是如何工作的？我们希望包含匹配目录项的列表保存在"result"中，所以将其放在该行的开头。然后，用方括号打开一个列表，但是没有和往常一样在其中放入一系列项目，而是在列表内部执行一个"for"循环。"for myitem in mydata"部分检查数据中的每一件商品（每个字典），将内

这里是运行程序清单95，当搜索一个商品并将JSON数据转换成字典列表时发生的情况。

容保存在"myitem"中。"if"部分检查"mydata"中的"id"键是否与"id_to_find"匹配。如果存在匹配项,则将"myitem"返回给"result"——这就是本行中第一个"myitem"所做的事情。

乍一看,这些列表推导可能很难理解,但是将其分解为单独的块就很容易了。开始的"myitem"是返回给"result"的数据,然后是"for myitem in mydata"循环,和"if myitem…"比较。我们在一行里将这3个操作打包在一起了。

提示

虽然 JSON 近年来大受欢迎,但是许多应用和服务使用的仍是可靠、老旧的 XML 格式(可扩展标记语言)。XML 的外表和工作方式都很像 HTML,可以结构化,能以可验证的格式保存许多类型的数据。在 Python 程序中使用 XML 的最简单方法之一是使用 Untangle 模块,它能将 XML 格式转换成 Python 可识别的数据对象,然后我们可以用它访问节点和属性。

最后,我们根据键打印对应的字典值。因为"result"是包含单个字典的列表,我们必须使用"result[0]"引用列表中的字典。和往常一样,熟悉这段代码的最佳方式是试验它。尝试更改 JSON 文件中的数据,增添新商品,搜索其他值(如价格)。有了这些知识,你就可以开始构建相当高级的数据搜索程序了。

挑战自我

1. 在 Python 中用哪一个字符序列表示换行符?

2. 当打开文件、以二进制模式写入时使用什么代码?

3. 从文件读取二进制字节时,用哪个命令切换到文件中的特定位置?

4. 当两个字节组合成一个字时,这时候值的范围是?

5. 如果用户在运行程序时输入一个文件名参数,如何用代码访问它?

07

第 7 章
用模块做更多的事

现阶段，你的 Python 知识已经相当丰富了。实际上，你已经了解了这种
语言的大部分核心特性。你可以在数据上执行数学运算，从用户那里取得输入，
建立循环和条件，构造自己的函数，读取和保存文件，使用列表和字典，还有
许多其他的技巧。

上述都是 Python 标准安装中的现成功能，但是这种语言的能力还远不止
这些。为了保持较低的内存需求和高性能，除非你明确地请求，否则 Python
不会引入额外的功能。核心语言整洁紧凑，这意味着可以在很普通的硬件上使用。
确实，Python 常常被用于嵌入式设备中做简单枯燥的工作。

7.1 什么是模块？

简单地说，模块就是保存在单独文件中的一段 Python 代码。当你想要使用文件中的函数和数据时，将其"导入"（Import）到你自己的 Python 代码中即可。我们在上一章中已经多次使用这项功能——例如，用"import sys"访问系统服务，用"import json"调用处理 JSON 数据的函数。"sys"和"json"模块包含在 Python 标准安装中，所以每当我们需要的时候都可以使用。

你可能会问，为什么程序员必须在代码开始时人工"导入"这些模块？Python 不能为我们做这些麻烦的工作吗？如前所述，Python 在默认情况下是内存友好的。它无法预先猜出特定程序中需要哪些功能，如果在每次运行程序时都加载所有模块，那么占据的内存就要大得多。所以，Python 的方法是提供基本功能，只在代码明确请求时才引入额外的功能。

让我们更为仔细地观察一个模块，那就是程序清单 87 中用过的"sys"。在那个程序中，"sys"模块为我们提供了两个有用的功能：命令行参数，以及终止程序并将错误或者成功代码返回操作系统的"exit"函数。注意，当我们使用"import sys"指令时，要具体指定"sys"，如"sys.argv"或者"sys.exit"。此外，导入模块还有另一种方法。

提 示

　Python 安装时提供的模块都是很好的文档，至少可用于参考，但是当你要自学时，这些文档就不够完美了（这也是编著本书的目的）。但是为了在未来做参考，如果你需要模块提供的数据和函数清单，可以在 Python 官网上查找。这些文档的某些内容非常具有技术性，如果你想要理解函数使用或者返回的参数，它们还是很有帮助的。

程序清单 96:

```
                      按名称导入特定功能
1    from sys import argv, exit
2
3    if len(argv) == 1:
4        print("No filename specified!")
5        exit(1)
```

上述程序完成和程序清单 87 的前 5 行相同的工作，但是在第一行使用"from"，明确地选择我们想要的功能："argv"和"exit"。然后，我们在使用这些函数时不需要"sys."前缀。这在某些情况下很实用，但是为了一致性，我们在本章中将使用"import sys"方法，明确哪个模块提供哪些功能。

"sys"模块还提供了其他方便的附加功能，可用于我们的程序。如果你想要确定运行代码时使用的操作系统，可以使用"sys.platform"。它包含一个字符串，"win32"表示 Windows（即使使用的是 64 位版本的 Windows）、"linux"表示 Linux、"darwin"表示 MacOS（Darwin 是苹果公司在 2000 年为 MacOS 开源核心所取的名称）。

"sys.version_info"是包含如下信息的一个元组：主版本号、次版本号、小版本（修订）号，以及发行级别。例如，如果你运行的是 Python 3.5.2，则主版本号为 3、次版本号为 5、小版本号为 2。一般来说，当 Python 开发者对语言作出重大更改时，将会提升主版本号，较小的更改和新功能则递增次版本号，小版本号只用于缺陷修复和安全补丁。

发行级别是一个字符串，内容为"alpha""beta""candidate"或者"final"，前 3 个表示开发人员仍未完成的 Python 版本。所以，如果想确保程序只在 Python 的官方稳定版本下运行，可以执行以下代码的最后两行进行检查。

→ **程序清单 97：**

```
1   import sys
2
3   print("Running on:", sys.platform)
4
5   print("Python version: ", end="")

                            用点分隔版本号
6   print(sys.version_info[0], sys.version_info[1], sep=".")
7
8   if sys.version_info[3] != "final":
9       print("Error: please use a released version of
        Python!")
10      sys.exit(1)
```

在这个程序中，我们打印正在使用的操作系统，以及 Python 的主版本号和次版本号。然后，检查元组中的第 4 个元素（从 0 开始计数，元素编号为 3），确保它的内容为"final"。如果不是，程序退出。你可以用来自"sys"的宝贵数据，根据使用的操作系统的不同完成不同的功能。

```
Command Prompt                    —   □   ×

C:\Users\mike\Desktop\codingmanual>python
listing97.py
Running on: win32
Python version: 3.5

C:\Users\mike\Desktop\codingmanual>python
--version
Python 3.5.2

C:\Users\mike\Desktop\codingmanual>
```

在 Windows 10 上运行程序清单 97 时的输出结果。我们还输入了"python-version"，从 Python 解释程序确认版本号。（记住，在 MacOS 和 Linux 上要使用"python3 -version"。）

7.2 和 Python 捆绑的模块

我们刚刚介绍的"sys"模块只是 Python 常规安装时提供的许多模块中的一个。还有许多其他的模块需要探索，所以在这里，我们将了解其中一些最有用的模块，介绍它们的使用方法。

7.2.1 "os"模块

从模块的名称你可能已经猜到，这个模块是 Python 与操作系统（OS）的接口。它包含的例程中，"os.system"特别方便，可以执行一条命令，就像常规的命令行那样。例如，假设我们要在程序开始时清除屏幕，但 Python 没有此功能，因为这是操作系统特定的工作，所以我们让操作系统去完成。

我们碰到了一点麻烦：不同的操作系统用不同的命令清除屏幕。在 Windows 命令提示符上，我们使用"cls"，而在 MacOS 和 Linux 上的命令是"clear"。但是，有一个解决方案。我们可以用"sys.platform"查看运行的操作系统，然后执行对应的命令。

➡️ **程序清单 98：**

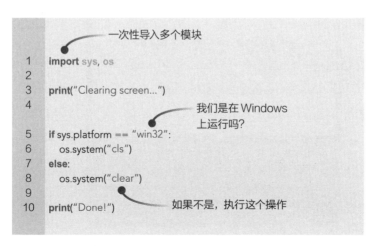

注意：在第 1 行中，我们同时导入了多个模块，并用逗号分隔。在第

5 行中，我们检查 Python 代码是否在 Windows 上执行；如果不是，那么它可能运行于 MacOS 或者 Linux 上，两者都使用"clear"命令。Python 也可以在其他操作系统如 AmigaOS 上运行，但是绝大多数用户都是 Windows、MacOS 或者 Linux 系统。

"os"模块还有另一个有用的例程：获取 Python 程序所在窗口的大小。如果程序在屏幕上完成许多工作，你可能希望确保开始时命令行窗口足够大，这样输出才不会引发混乱。"os.get_terminal_size"函数返回一个包含两个数值的元组：以字符数表示的屏幕宽度（即字符列数）和以行数表示的高度。

⮕ 程序清单 99:

```
1   import os
2
3   width, height = os.get_terminal_size()
4
5   print("Window width:", width)
6   print("Window height:", height)
```

"os"函数的完整列表（包括管理文件所用的例程）可以参见 Python 的官网介绍。

如程序清单 99 所示，用"os.get_terminal_size"
我们可以获得程序可用窗口的列数和行数。

7.2.2 "time"模块

想要让你的程序暂停一定时间？导入"time"模块，使用它的"sleep"例程。你甚至可以指定浮点数（例如 0.5 或者 0.2），使暂停的时长短于 1 秒。下面是一个实例。

▶ 程序清单 100:

```
1   import time
2
3   print("Counting to 10 seconds...")
4
5   for x in range(1, 11):
                          暂停执行的指定秒数
6       time.sleep(1)
7       print(x)
```

在 Python 代码中获取当前的时间和日期有几种方法。最简单的是使用"time"模块的"strftime"（字符串格式时间）例程，生成包含所需细节的自定义字符串。下面是"小时：分钟"（24 小时制）时间格式的获取方法。

▶ 程序清单 101:

```
1   import time
2
3   mytime = time.strftime("%H:%M")
4
5   print(mytime)
```

你可能会问，发送给"strftime"的字符串参数中那些奇怪的格式是什么？那些百分号有什么用处？它们告诉"strftime"用相关的数据代替自己。"%H"表示转换成当前的小时，"%M"表示转换为分钟。

> **提示**
>
> "strftime"例程很适合用于生成具有丰富细节的人类可读字符串，但是如果你只需要以数字格式获取这些信息中的一部分，也可以做到。只需要用"int"将结果转换成整数，例如要知道现在是几点，可以用如下指令：

```
hour = int(time.strftime("%H"))
```

所以，如果我们在下午两点半运行这个程序，"mytime"将包含字符串"14:30"。

你可以用许多其他符号自定义结果："%S"表示秒数，"%A"表示周几（例如"Saturday"），"%B"表示月份的名称（例如"March"），"%m"表示以数字 1~12 表示的月份，"%Y"表示年，"%Z"表示时区（例如"GMT"）。如果需要在字符串中放入真正的"%"，只需要将两个百分号放在一起："%%"。

7.2.3　"math"和"random"模块

"math"模块配备了一组三角函数："math.cos(x)"返回 x 的弧度（可以使用数字或者变量）的余弦值，"math.tan(x)"返回 x 弧度的正切值，等等。此外，该模块还提供一组"常量"，即不会改变的数值，例如 π。

下面的程序可以根据用户输入的半径计算圆的面积。我们知道圆的面积是半径的平方乘以 π，在 Python 中可以这样计算。

➡ 程序清单 102:

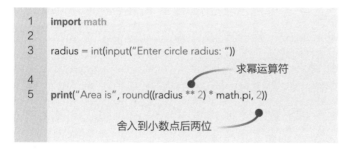

你可以看到，第 5 行的求幂运算符"**"得出了半径的平方（2 次幂），然后将结果求近似，使其更容易理解。

现在我们转向随机数，如果你进行游戏编程，这一功能将特别有用。想象你通过编码控制敌方太空船的移动：如果每次都遵循相同的路径，游戏者会很容易确定它的动向，相应地对那个位置发动攻击。但是，增加一些随机移动,游戏的难度就大得多了(敌人看上去也会很逼真)。

为了获得随机数,我们使用"random"模块,这个模块的名称恰如其分。注意,在使用第一个数字之前,我们需要为随机数生成器提供"种子",也就是对其进行初始化。此后,我们可以使用"random.randint"加上一个数值范围,然后随机生成该范围内的任一个数字。

➡ **程序清单 103:**

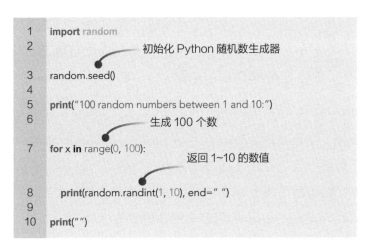

```
1   import random
2
3   random.seed()
4
5   print("100 random numbers between 1 and 10:")
6
7   for x in range(0, 100):
8       print(random.randint(1, 10), end=" ")
9
10  print("")
```

初始化 Python 随机数生成器

生成 100 个数

返回 1~10 的数值

随机数的典型用途之一是在生成某个数值时执行特定的操作。回到上方游戏的例子,假设太空船在屏幕顶部左右移动,游戏者在屏幕底部("太空入侵者"的风格)进行攻击。我们希望敌人偶尔向屏幕下方移动,但是时间间隔不固定——这样可以"奇袭"游戏者。

每当敌方左右移动时,应该有一个向下移动的随机因素。我们可以生成 1~5 的数值,只有当生成的数为 1 时才向下移动,从而将这种常规移动的概率设置为 20%。下面的程序用一个循环模拟敌方的 20 次移动,在 20% 的情况下会显示"moving down"(向下移动),其余情况显示"staying still"(保持静止)。

利用"random.randint",我们可以生成特定范围内的数值,如程序清单 103 所示。

程序清单 104:

```
1    import random
2
3    random.seed()
4                          经过 20 次移动

5    for x in range(1, 21):
6      print("Move", x, end="")
7                                       在每次移动中生成
                                         1~5 的随机数
8      myrandnum = random.randint(1, 5)
9              生成数值 1 的概率大约为 20%

10     if myrandnum == 1:
11       print(" - moving down")
12     else:
13       print(" - staying still")
```

运行这个程序几次,你将会看到结果总是不同的(至少应该是这样,但是和任何随机事件一样,有可能出现同样的结果)。平均来看,"moving down"消息出现的次数大约为总次数的 20%,但是每次运行的结果可能不一样。

你可以将随机数用于各类事情,从元组或者列表中选择元素、在扑克游戏中从整副牌里选择几张,等等。其他随机数相关例程的列表可以参见 Python 官网。

> **提 示**
>
> "random.randint"的替代品之一是"random.randrange",该例程有 3 个参数:一个起始数值,一个结束数值,以及可能结果之间的差值。如果你想要在 1~20 生成一个随机的奇数,可以使用"random.randrange(1, 20, 2)"。最后的 2 表示:在 1 之后,和下一个可能结果的差值为 2,也就是 3;再下一个差值为 2 的可能结果为 5,以此类推。

7.2.4 "socket" 模块

网络编程本身就是一个很庞大的主题,足以写一本专门的书籍。这里我们将为你介绍其中的精华,你可以将这些功能和其他模块相结合,完成特定的工作。如果希望 Python 程序访问网络上的另一台计算机(不管是家庭或者办公室的局部网,还是互联网),你都需要和其他计算机上的一个"套接字"(Socket)建立连接。

以 Web 浏览器为例。当你启动浏览器访问一个网站时,你的计算机和托管该网站的计算机上的一个套接字建立网络连接。然后,它们就可以通过网络相互通信,两台计算机都可以发送和接收数据。

你的浏览器启动一个过程,对 Web 服务器说:"你好,我是一个 Web 浏览器。你能向我发送你的首页(/)吗?"对方服务器处理这一请求,发回 HTML、CSS 和其他数据。当用户在浏览器上单击一个链接时,过程相同,但是此时浏览器请求的是一个特定页面,而不是开始页面(/)。

下面是完成这一工作的 Python 程序。它连接互联网 Web 服务器上的一个网络套接字,通过该套接字发送和接收数据,并在屏幕上打印结果。

程序清单 105:

```
1   import socket
2           准备一个网络套接字连接
3   mysock = socket.socket(socket.AF_INET, socket.
    SOCK_STREAM)
                    连接到 NetBSD Web 服务器计算
4                   机的 80 端口
5   mysock.connect(("www.netbsd.org", 80))
```

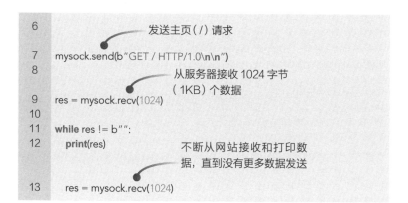

```
6                      发送主页(/)请求
7    mysock.send(b"GET / HTTP/1.0\n\n")
8                      从服务器接收 1024 字节
                       (1KB)个数据
9    res = mysock.recv(1024)
10
11   while res != b"":
12      print(res)     不断从网站接收和打印数
                       据,直到没有更多数据发送
13      res = mysock.recv(1024)
```

在第 3 行中，我们创建了一个名为 "mysock" 的新套接字连接，并提供几个参数。你不需要考虑它们的含义，因为它们很快就会变得非常复杂。但是，要和另一台机器建立一个简单连接，这些参数就足够了。然后在第 5 行，我们将这个套接字连接到互联网的一台特定计算机（也就是托管 NetBSD 网站的服务器）上。我们连接到该计算机的 80 端口，这个端口用于发送网站数据（其他的端口用于电子邮件、消息等的传送和其他服务）。

程序清单 105 是一个非常基本的 Python"浏览器"（HTML 读取程序），显示组成 NetBSD 官网的 HTML 代码。它展示了连接到远程系统的方法。

为什么在这个例子中使用 NetBSD 网站？这是一个供许多不同浏览器和计算机读取的简单网页，所以很适合我们的代码。在运行程序时你可以尝试改成其他网站（不需要 "HTTP：//" 前缀），结果将不一样。至少在 NetBSD 网站上，我们可以得到一些容易理解的 HTML。

> **提示**
>
> 　　在程序清单 105 中，第 5 行的双括号"(("和"))"可能令你有些不解。"mysock.
> connect"函数明显需要两个参数——连接到的计算机和端口号。那么，为什么我
> 们不和往常一样，在一对括号中指定它们？这是因为"connect"函数期待得到的
> 参数是一个元组。我们知道元组中的值放在括号内，所以内层括号是用于元组本
> 身的。外层括号像平常一样向函数发送参数。

　　这样，我们已经通过互联网连接到托管 NetBSD 网站的计算机，端口
号为 80。在第 7 行，我们发送一个字节序列形式的请求，要求 NetBSD 的
Web 服务器用 HTTP 1.0 协议将主页（ / ）发送给我们。你可以将主页面改
成其他页面，如"/docs/"，以取得不同的数据。是的，我们真的创建了一
个极其简单的 Web 浏览器。

　　一旦发出请求，我们就需要监听套接字上返回的数据。那就是我们在第
9 行中所做的：我们等待 Web 服务器发回 1024 字节的数据，将其接收到字
符串变量"res"中，然后开始一个循环。在这个循环中，我们打印已获得
的数据，请求更多数据，在 Web 服务器没有更多数据可发送时（即整个页
面都已发送完的时候）停止循环。尝试这个程序，你将看到许多 HTML 数据，
如果在常规的 Web 浏览器中访问 NetBSD 网站，你将看到格式化后的版本。

　　现在，你已经知道如何通过网络连接到另一台电脑进行发送和接收数据
了。你所传输的数据取决于使用的网络协议，如前所述，那是另一本书的主
题了。但是，如果你想满足自己的求知欲，可以查看维基上的网络协议列表，
泡上一杯好茶，那里有许多值得阅读的材料。

创建自己的模块

　　制作自己的模块很容易，当你开始编写更长、更强大的程序时，强烈建议你
这么做。你将会注意到，最终可以在不同的程序中重复使用许多部分，虽然复制
和粘贴功能是一种方法，但是有一定的局限性。如果你有 5 个程序，都包含同一
个"process_data"函数，然后在这个函数中发现了一个错误，你能怎么做？你必
须更新每个使用"process_data"函数的程序，这当然很不理想。

　　将代码放在所有程序都可以访问的一个单独模块里是更好的做法。此后，代码
只有一份拷贝，如果你在模块中更新它，所有使用该模块的程序立刻都能够获得

更新。模块就是 Python 文件，为了了解它的工作方式，创建一个"mymodule.py"文件，包含如下内容。

➡ **程序清单 106：**

```
1   def greet_user(name):
2       print("Hi there", name)
3
4   cool_number = 9000
```

这段代码没有完成任何重要的工作，只是创建一个函数和一个变量。如果你运行这个程序，什么也不会发生，请将它作为一个模块使用。回到你的"test.py"代码，输入如下内容。

➡ **程序清单 107：**

```
1   import mymodule
2
3   mymodule.greet_user("Bob")
4
5   print(mymodule.cool_number)
```

这不是很简单吗？我们导入"mymodule"模块，不需要输入".py"扩展名，但是该文件必须在我们所用代码的同一个目录下。然后，调用模块中的"greet_user"函数，显示它的"cool_number"变量。

7.3 其他实用的模块

我们已经探索了一些和 Python 捆绑的实用模块，但是开发者还创建了数百个其他模块，这些模块都可以从互联网上取得。它们涵盖了你能想象到的各个方面，从操纵图像、创作音乐到制作游戏、开发图形用户界面，无所不能。更方便的是，你可以用一条命令获得大部分模块（无需搜索网络）的下载链接。

Python 的内建模块管理器被称为"Pip"，可以帮助你毫不费力地下载和安装第三方附加模块。你需要做的就是输入"pip3 install"，再加上模块名称。注意，许多模块实际上具有其他支持软件（如程序库）的模块集，它们组合起来被称为"包"（Package）。下面我们将介绍一些最好的模块和包。

7.3.1　用 Pillow 操纵图像

Pillow 以"PIL"（Python 图像程序库）模块为基础，可用于操纵图像文件，在这些文件上执行操作。你可以在命令提示符中输入"pip3 install pillow"获取这个模块——方便的是，在 Windows、MacOS 和 Linux 上使用的都是同一条命令。为了了解它的工作方式，在网上找一个 PNG 格式的图像文件，保存在和 Python 代码相同的目录下，取名"image.png"，然后运行如下程序。

➡ 程序清单 108：

```
1    from PIL import Image
2
3    orig_pic = Image.open("image.png")
4
5    print("Format:", orig_pic.format)
6    print("Width:", orig_pic.size[0])
7    print("Height:", orig_pic.size[1])
```

在上述代码中，我们从 PIL 导入"Image"函数，然后在第 3 行中打开之前下载的"image.png"文件。此后，可以使用"orig_pic"引用图像数据。我们称其为"orig_pic"，意思是原始图像数据，是为以后的更改制作一份拷贝。例如，"orig_pic.formt"是包含图像格式（"PNG""JPEG"等）的一个字符串，而"orig_pic.size"是包含图像宽度和高度两个数值的元组。

让我们来看一个更实用的例子。在程序清单 109 中，我们要求用户输入一个文件名，为图像添加一个模糊效果，将其缩小为缩略图大小，然后以 JPEG 格式保存结果。

▶ 程序清单 109:

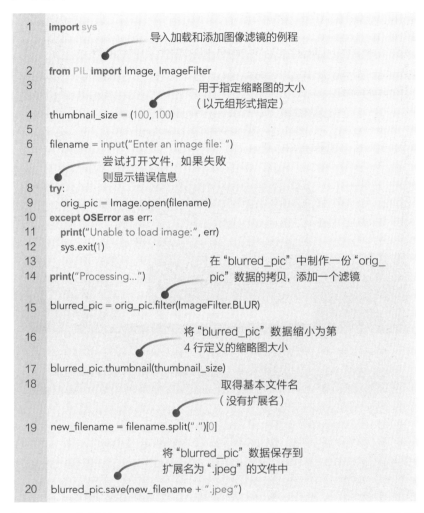

```
1   import sys
                      导入加载和添加图像滤镜的例程

2   from PIL import Image, ImageFilter
3                            用于指定缩略图的大小
                             （以元组形式指定）
4   thumbnail_size = (100, 100)
5
6   filename = input("Enter an image file: ")
7            尝试打开文件，如果失败
             则显示错误信息
8   try:
9       orig_pic = Image.open(filename)
10  except OSError as err:
11      print("Unable to load image:", err)
12      sys.exit(1)
13                           在 "blurred_pic" 中制作一份 "orig_
14  print("Processing...")   pic" 数据的拷贝，添加一个滤镜

15  blurred_pic = orig_pic.filter(ImageFilter.BLUR)

16                       将 "blurred_pic" 数据缩小为第
                         4 行定义的缩略图大小
17  blurred_pic.thumbnail(thumbnail_size)
18                           取得基本文件名
                             （没有扩展名）

19  new_filename = filename.split(".")[0]

                      将 "blurred_pic" 数据保存到
                      扩展名为 ".jpeg" 的文件中

20  blurred_pic.save(new_filename + ".jpeg")
```

这一次，我们从 PIL 导入 "ImageFilter" 和 "Image" 例程，从用户那里获取一个文件名，尝试打开。如果文件无法打开，我们使用一个异常来处理程序显示信息，用 "sys.exit" 终止程序。

如果文件可以打开，我们将它的图像数据读入 "orig_pic" 中。在第 16 行，我们对图像数据应用一个模糊滤镜，将结果保存在 "blurred_pic" 中。然后在第 17 行，我们根据第 4 行元组中指定的尺寸，缩小 "blurred_pic"。注意，图像的长宽比保持不变：如果图像宽度大于长度，则宽度缩小为 100

个像素，高度也相应变小。

Pillow 模块可用于为图像增加特效，生成缩略图——就像我们在程序清单 109 中所做的那样（图像被缩小为缩略图的分辨率）。

现在，我们要将结果保存为 JPEG 格式，使用原始的文件名加上 ".jpeg" 扩展名。如果我们简单地在原始文件名的结尾加上 ".jpeg"，如 "image.png.jpeg"，这看起来有点丑。我们只想要命名为 "image.jpeg"，所以在第 19 行，我们对文件名使用 "split" 函数，以句点（ "." ）作为分隔符，生成多个字符串。如果用户在开始时输入 "image.png"，"split" 的 0 号元素将为 "image"，1 号元素将是 "png" 扩展名。我们只需要元素 0，所以将其放入新的文件名字符串中。

最后，我们将 "blurred_pic" 图像数据保存到一个新文件中，增加 ".jpeg" 扩展名。尝试运行这个程序，当然，可以尝试不同的参数！你可以使用的其他特效有 EDGE_ENHANCE、EMBOSS、SMOOTH 和 SHARPEN。你还可以用 Pillow 裁剪图像、执行几何变换、操纵颜色和许多其他特性。

> **提 示**
>
> 一旦尝试了本章介绍的模块,你可能急不可耐地要更进一步,特别是在你已经为程序制定计划的情况下。Python 的维基百科词条解释页面上有一个很好的列表,该列表按照类别组织,很容易找到相关的模块。

7.3.2 用 Pygame 编写游戏

我们知道,阅读本书的大多数都对视频游戏开发感兴趣。游戏有趣、刺激,如果你制作的游戏成为著名的杰作,还可能成就相当有利可图的职业生涯!现代游戏可以使用各种编程语言编写,不管你选择哪一种语言,核心概念都是一样的。在此,我们将重点放在 2D 游戏上。使用这里介绍的知识,你可以创建枪战、卷轴平台和其他体裁的游戏。(噢,如果你对游戏完全不感兴趣,这一小节也仍然值得一读,因为它介绍了 Python 的一些实用技巧。)

我们可以安装一个奇妙的模块——Pygame,这个模块提供了许多处理屏幕和键盘的实用例程,以及加载图像、在屏幕上显示和播放声音等功能。输入"pip3 install pygame",该模块将从互联网上下载,并复制到 Python 安装中。然后,用如下代码测试它的工作。

➡ 程序清单 110:

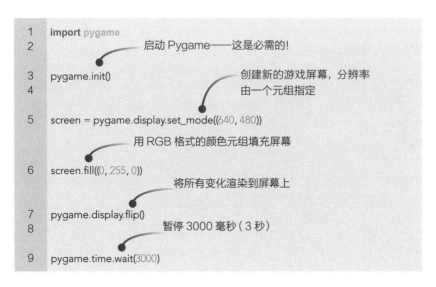

```
1    import pygame
2                          启动 Pygame——这是必需的!

3    pygame.init()
                                      创建新的游戏屏幕,分辨率
4                                      由一个元组指定

5    screen = pygame.display.set_mode((640, 480))
                         用 RGB 格式的颜色元组填充屏幕

6    screen.fill((0, 255, 0))
                         将所有变化渲染到屏幕上

7    pygame.display.flip()
8                          暂停 3000 毫秒(3 秒)

9    pygame.time.wait(3000)
```

每个 Pygame 程序都必须在开始时调用 "pygame.init"，但是不需要指定任何参数。在第 5 行，我们创建了一个新屏幕（桌面上的一个窗口），分辨率由一个元组指定，以像素（点）表示。在这里，我们的屏幕宽度为 640 个像素，高度为 480 个像素。从此以后，我们可以使用 "screen" 对象引用这个屏幕。

在第 6 行，我们用绿色填充屏幕，只是为了测试渲染过程是否能够正常工作。元组中的数值是 RGB（红，绿，蓝）格式、0~255 的字节值。所以，（0,255,0）表示没有红色、最多的绿色和没有蓝色，即用翠绿的颜色填充屏幕。

但是，我们还没有完成任务。由于性能的原因，在你调用 "flip" 例程之前，Pygame 不会真的将你所执行的所有图形操作都显示出来，我们在第 7 行调用了这个例程。在调用 "flip" 之前积累一组屏幕操作，而不是在每个操作之后就立即调用，这是一个好习惯。为了看清结果，我们在最后一行暂停执行 3000 毫秒（3 秒）。当程序结束后，Pygame 清除并关闭屏幕。

现在，我们已经知道如何使用 Pygame，让我们再来了解一些游戏元素。在下面的程序清单中，我们让一个球在屏幕上弹跳——如果你想要自己制作球的图像，它应该为 32 像素宽、32 像素高，使用透明背景，文件名为 "ball.bmp"，并放在和代码相同的目录中。（你也可以直接在程序清单的压缩文件中找到 "ball.bmp" 文件。）

➥ **程序清单 111：**

```
1   import pygame, sys
2
3   pygame.init()
4
5   screen = pygame.display.set_mode((640, 480))
6                                        从文件加载图像，保存在我们的
                                         "ball" 对象中
7   ball = pygame.image.load("ball.bmp")
                      球的起始位置（X 和 Y）
8   ball_x = 10
9   ball_y = 10
```

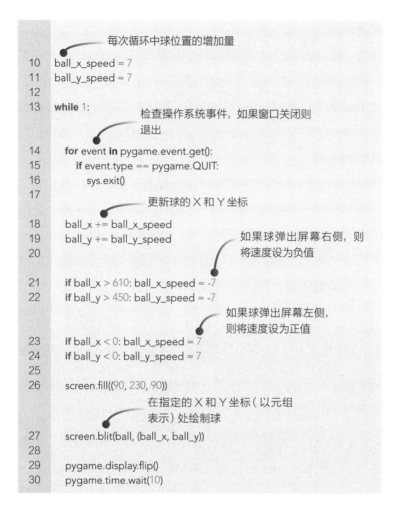

每次循环中球位置的增加量

```
10    ball_x_speed = 7
11    ball_y_speed = 7
12
13    while 1:
```

检查操作系统事件，如果窗口关闭则退出

```
14        for event in pygame.event.get():
15            if event.type == pygame.QUIT:
16                sys.exit()
17
```

更新球的 X 和 Y 坐标

```
18        ball_x += ball_x_speed
19        ball_y += ball_y_speed
20
```

如果球弹出屏幕右侧，则将速度设为负值

```
21        if ball_x > 610: ball_x_speed = -7
22        if ball_y > 450: ball_y_speed = -7
```

如果球弹出屏幕左侧，则将速度设为正值

```
23        if ball_x < 0: ball_x_speed = 7
24        if ball_y < 0: ball_y_speed = 7
25
26        screen.fill((90, 230, 90))
```

在指定的 X 和 Y 坐标（以元组表示）处绘制球

```
27        screen.blit(ball, (ball_x, ball_y))
28
29        pygame.display.flip()
30        pygame.time.wait(10)
```

这是目前为止我们编写的最大程序之一！在第 7 行，我们加载 "ball. bmp" 图像，将其保存在 "ball" 中供之后使用。在第 8 行和第 9 行，我们建立了几个变量，它们包含球在屏幕上的 X（水平）和 Y（垂直）位置（以像素表示）。在 Pygame 中，坐标从左上角开始计算，所以 X 坐标 20 和 Y 坐标 300 表示：距离屏幕左端 20 个像素，距离顶端 300 个像素（从 0 开始）。

在第 10 行和第 11 行设置球的初始速度。我们的游戏在一个循环中运行，每次循环时，分别将这些数值加到球的 X 和 Y 坐标上。这意味着，X 和 Y 坐标每次增加 7，使球向屏幕的右下方移动。我们设置这些速度变量而不是在主代码中硬编码这些数字，原因是这样可以在球碰到边缘时改变它们，正如我们马上要做的那样。

在第 13 行，我们启动一个无限循环，接着是 Pygame 的 "event"（事件）检查。本质上，Python 中的事件是因为用户或者操作系统而发生的事情，比如按下一个键或者关闭窗口。在第 14 行和第 15 行，我们检查是否有事件生成，如果事件类型为 "QUIT"（退出），意味着用户关闭了窗口。在这种情况下，程序将退出。

第 18 行和第 19 行完成移动球的工作。每当循环执行时，我们将 "ball_x_speed" 变量的内容加到球的 X（水平）位置，并对 Y（垂直）位置做相同的操作。但是，如何使球在碰到边缘时能自动弹回呢？那就是第 21~24 行完成的魔法。这些代码检查球的水平和垂直位置，如果球在屏幕上的坐标超过 610 个像素，则将每次循环加到其位置上的数改为 −7。

> **提 示**
>
> 在程序清单 111 的第 21~24 行中，你可以看到我们将 "if" 语句和结果操作挤在同一行上，而不是使用下面的缩进代码。这纯粹是为了美化，也是为了节约本书的篇幅，但是如果你有许多条 "if" 语句，并且后面是简短的代码，你可能应该在程序中采用这种做法。

一旦 "ball_x_speed" 变为 −7，每次循环将其加到 "ball_x" 上，等同于将该变量减去 7。这使球向回移动，向左横穿屏幕。

屏幕的宽度为 640 个像素，为什么我们只检查 610 个像素？记住，球本身的高和宽为 32 个像素。"ball_x" 和 "ball_y" 的值指的是球的左上角，如果我们将第 21 行改为检查 640 个像素，球在弹回之前就会离开屏幕；检查 610 个像素，则球在弹回时，大部分仍在可见范围内（因为 610+32=642）。

这同样适用于第 22~24 行的另一次检查：如果球碰到屏幕的一边，则改变速度的符号，使球永远弹跳下去。在第 26 行和第 27 行，我们在每次循环中用一种颜色填充屏幕（覆盖之前的图像数据），然后用 "blit" 在元组指定的坐标上绘制小球。接着，我们用 "flip" 显示新数据，并添加一个暂停，避免游戏进行得太快。由于这个循环是无限的，程序只有在窗口关闭时才会结束。

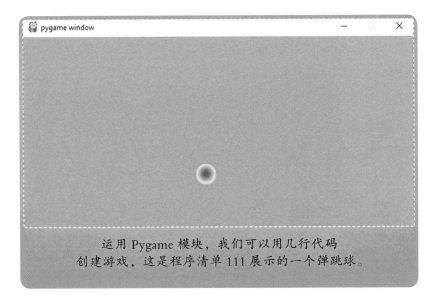

运用 Pygame 模块，我们可以用几行代码
创建游戏，这是程序清单 111 展示的一个弹跳球。

7.3.3 用 Tkinter 开发图形应用

在 Python 中，有许多种创建图形用户界面（GUI）的方法。令人不快的是，大部分方法都与操作系统相关，或者需要复杂的安装过程——但是对此有一种解决方案。Python 包含了简单的图形工具包，看上去不像更强大的软件包那么引人注目，但是可以帮助我们轻松创建点击式应用。这个工具包的名称为"Tkinter"，下面是一个应用实例。

程序清单 112:

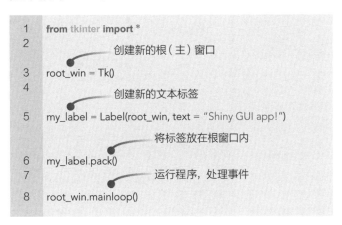

```
1   from tkinter import *
2                         创建新的根（主）窗口
3   root_win = Tk()
4                         创建新的文本标签
5   my_label = Label(root_win, text = "Shiny GUI app!")
                          将标签放在根窗口内
6   my_label.pack()
7                         运行程序，处理事件
8   root_win.mainloop()
```

在创建 GUI 应用时，我们需要熟悉一些术语。首先要创建的是根窗口，也就是所有操作进行的地方。在该程序中，我们在第 3 行创建了一个根窗口，保存在"root_win"对象中。

然后，我们在窗口中放入各种内容，如按钮、文本输入框、滑动条和其他窗口小部件。在第 5 行，我们用 Tkinter 的"Label"例程添加了一个非常简单的部件——文本标签。这个例程有两个参数：第一个是放置标签的窗口，第二个是标签上的实际文本。在第 6 行，我们使用"pack"函数将标签添加到窗口。为什么称它为"pack"？如果你的窗口上有许多部件，可以考虑将它们全部"打包"（Packing）。

我们的第一个图形用户界面程序，它目前还不能完成太多功能，但是我们很快会充实它。

最后，在根窗口建立完毕、并在其中设置了文本标签之后，我们调用窗口的"mainloop"例程，启动应用。这个例程用来显示窗口、等待操作系统事件（例如鼠标点击和键盘按键）。在这个简单的应用中我们不处理任何事件，如果用户关闭窗口，"mainloop"将终止程序。尝试运行这个代码——窗口在默认情况下很小，所以可以改变其大小，展现它的风采。

现在，我们继续学习更为复杂和实用的例子。在程序清单 102 中，我们写了一个命令行程序，根据圆的半径计算其

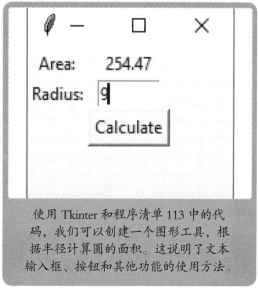

使用 Tkinter 和程序清单 113 中的代码，我们可以创建一个图形工具，根据半径计算圆的面积。这说明了文本输入框、按钮和其他功能的使用方法。

面积。那么，如何在一个图形应用中实现呢？我们需要某种手段，让用户输入数字，然后程序相应地显示结果。这意味着我们需要一个文本输入框（用于输入半径）、一个按钮（单击后显示结果）和显示结果的窗口位置。另外，我们还需要几个文本标签，以告诉用户发生了什么。

➡ 程序清单 113:

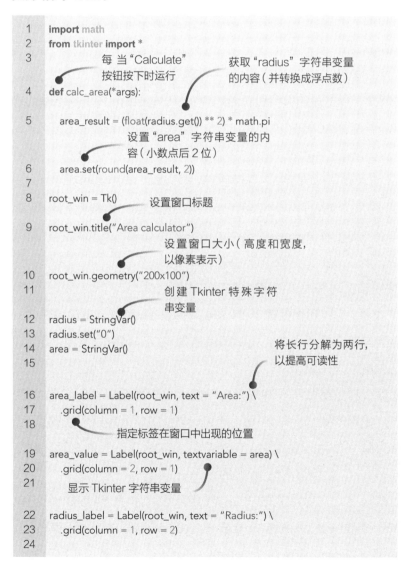

```
1   import math
2   from tkinter import *
3                      每当"Calculate"            获取"radius"字符串变量
                       按钮按下时运行              的内容（并转换成浮点数）
4   def calc_area(*args):
5       area_result = (float(radius.get()) ** 2) * math.pi
                       设置"area"字符串变量的内
                       容（小数点后 2 位）
6       area.set(round(area_result, 2))
7
8   root_win = Tk()        设置窗口标题
9   root_win.title("Area calculator")
                           设置窗口大小（高度和宽度，
                           以像素表示）
10  root_win.geometry("200x100")
11                         创建 Tkinter 特殊字符
                           串变量
12  radius = StringVar()
13  radius.set("0")
14  area = StringVar()                  将长行分解为两行，
15                                      以提高可读性
16  area_label = Label(root_win, text = "Area:") \
17      .grid(column = 1, row = 1)
18                      指定标签在窗口中出现的位置
19  area_value = Label(root_win, textvariable = area) \
20      .grid(column = 2, row = 1)
21      显示 Tkinter 字符串变量
22  radius_label = Label(root_win, text = "Radius:") \
23      .grid(column = 1, row = 2)
24
```

```
25    radius_entry = Entry(root_win, width = 7, textvariable = \
26        radius).grid(column = 2, row = 2)
27
28    calc_button = Button(root_win, text="Calculate", \
29        command = calc_area).grid(column = 2, row = 3)
30                          按下按钮时运行的函数
31    root_win.mainloop()
```

这个程序的内容很多，让我们一步一步进行分析。在第 1 行和第 2 行中我们告诉 Python，我们希望使用来自 Math 和 Tkinter 模块的例程，第 4~6 行中有一个计算圆面积的函数定义——后面我们将回到这个函数上来。在第 8 行我们创建了一个新的根窗口，然后在第 9 行和第 10 行为这个窗口设置了一些额外的参数：窗口标题和大小（宽度和高度，以像素表示）。

第 12 行引入了一些新内容。我们创建了一个字符串变量，但是没有采用 Python 通常使用的方法——简单地将字符串内容放在双引号中，而是使用了 Tkinter 的 "StringVar" 例程。为什么这么做？如果我们使用常规的字符串变量，每当在 Python 代码中改变它们的值时，图形用户界面就不会自动更新。所以我们必须使用特殊的 "StringVar" 字符串，这个字符串与 Tkinter 按钮和在屏幕上自行更新的标签深度集成。

在第 12~14 行，我们创建了 "radius" 和 "area" 两个字符串变量。前者用于保存用户输入的半径值，初始值设置为 0；后者则根据半径实时计算圆的面积。在接下来的第 16 行中，和程序清单 112 一样，我们创建了一个新的文本标签，但是增加了一些额外的功能。这里的反斜杠（\）字符用于将一个长行分成两个短行——第 16 行和第 17 行实际上是同一行的两个部分。我们将其分隔开是为了在本书中保持更好看的格式，但是你可以删除反斜杠，使 ".grid…" 直接跟在第 16 行的 "area)" 之后。

我们在标签定义中加入的 ".grid" 是什么？本质上，它定义了标签在 "root_win" 中的位置。将根窗口看成一个由行和列组成的电子表格：我们用 ".grid" 告诉 Tkinter，希望这个标签放在第 1 行、第 1 列，也就是左上角的位置。

> **提示**
>
> 　　在标签、文本输入框和按钮定义上添加".grid"，它帮助我们在窗口上以合适的结构放置控件。此外还有另一个好处，我们不需要像程序清单 112 那样用额外的"pack"指令确保窗口组件出现。所以，几乎在任何情况下，你都应该使用"grid"组织 GUI，这样可以使代码变得更简短。

　　第 19 行和第 16 行类似，但是我们没有指定显示的字符串，而是指定了一个文本变量——在第 14 行创建的 Tkinter 字符串"area"（初始值为空）。我们将这个文本变量放在前一个标签的同一行（屏幕顶部）上，但是这一次放在第 2 列。结果是，这个文本变量出现在"Area："标签的右侧。

　　第 22 行在屏幕顶部的第 2 行设置了用于半径的另一个标签，它出现在上面的两个标签之下。第 25 行我们设置了一个文本输入框（"Entry"），用户可以在其中输入某些内容。我们指定其为 7 个字符宽，结果保存在第 12 行创建的"radius"变量中。

　　最后，在第 28 行我们使用"Button"创建了一个可点击的按钮，按钮上的标签文本为"Calculate"。注意其中的第 3 个参数："command = calc_area"，这告诉 Tkinter，当用户单击按钮时应该运行哪一个函数。现在你知道为什么我们之前要定义"calc_area"函数了，每当用户单击"Calculate"按钮时，"calc_area"就会执行。

　　观察"calc_area"内部：我们不需要为这个函数传递参数，所以可以忽略开始的"*args"。在第 5 行，我们获取"radius"字符串变量的内容，并将其转换为一个浮点数，然后用"math.pi"进行计算。但是要注意，因为"radius"是一个特殊的 Tkinter 字符串变量，我们必须使用"radius.get()"取出它的内容。类似地，在第 6 行我们用"area.set()"将结果舍入为两位小数，并将其作为标签更新"area"变量。

　　在一切都设置好之后，第 31 行将程序投入运行。尝试一下，你将会看到不同的部分如何组合在一起、它们在窗口上如何布置，以及程序是如何工作的。尝试更改各个项目的行列位置、窗口大小和其他数值。

　　现在，你已经知道如何创建按钮并将其连接到函数，能够创建一些较为高级的 GUI 应用了。关于 Tkinter 的更多信息，包括可用的各种窗口部件，可以浏览 Python 的维基百科词条信息。

其他 GUI 选项

如前所述，Tkinter 有在 Windows、MacOS 和 Linux 上"立即可用"的好处，所以不需要安装许多附加程序，使用复杂的命令。它对于许多 GUI 应用已经很好了，但是如果你想要更多的功能，那么研究一些替代工具就是值得的。

最流行的跨平台工具包（用于构建图形界面的一组窗口部件）之一是 Qt，在 Python 中使用它有两种途径：PyQt 和 PySide。Qt 在网上有一个非常活跃的支持社区，得到了很好的维护和记录。如果你想要制作可在多个操作系统上正常运行的出色应用，它是一个很好的选择。

另一个替代品是 wxPython，它以 C++ 程序员常用的 wxWidgets 工具包为基础。在 wxPython 的维基百科网站上有个极好的指南，你会发现，它和 Tkinter 在许多方面都很相似。

更多 GUI 工具包可以参见 Python 的维基百科词条信息。这个页面还有一个集成开发环境（IDE）的列表，这种环境有点像超级文本编辑器，可以帮助你编写 Python 代码，包含自动完成和语法高亮显示等强大的功能。

挑战自我

1.Python 程序如何确定运行的操作系统？

2.如何让操作系统运行"test.exe"？

3.如何生成 20 到（含）90 之间的随机数？

4.使用 Pygame 时，我们在绘图操作之后必须做什么，才能始终确保结果显示在屏幕上？

5.如何制作自己的模块？

08

第 8 章
自成一类

在本书介绍工具的最后一章，我们将注意力转向许多编程语言共有、但常常被误解或者忽视的一个特性：面向对象编程（OOP）。在深入细节之前，我们必须先后退一步，思考它为什么重要。本书自始至终想要培养并且也是程序员应该坚持的一种风格，它究竟是什么呢？

你可能已经猜出来了，这就是模块化。我们已经了解，组织得当的函数、模块和精心安排的变量作用域，可以帮助我们创建由"构件"组成的程序。我们可以在多个程序中重用代码，创建可以在不了解其工作原理的情况下随时调用的通用函数和模块。OOP 在模块化中起到同样重要的作用，下面让我们来探索一番。

8.1 什么是类?

当我们用函数编写程序时,可以在这些函数中使用局部变量,它们可以根据我们发送的数据(参数)完成不同的工作。这样做很好,但是想象一下,我们是否可以在必要的时候制作这些函数的单独拷贝,使用单独的变量集和数据,将其与其他函数清晰地进行区分。在此基础上,再想象一下,我们能不能在这些函数中增加子函数。

在 OOP 中,"类"(class)就像一个函数。虽然常规函数也可以用于整个程序,但在 OOP 中,我们必须创建包含类中数据的"对象",然后才能使用它们。听起来是不是有些奇怪?注意观察如下程序。

◆ **程序清单 114:**

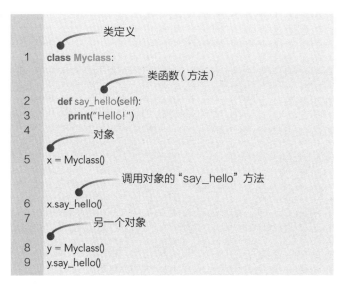

这里有一些新的术语,我们一一进行介绍。在第 1 行,我们建立了一个"类定义"——有点像之前使用过的函数定义。但是,类定义本身不能做任何事,它只是一个模板。在类定义中,我们创建了一个简单的函数"say_hello"——类中的函数称作"方法"。

> **提示**
>
> 你可能注意到，我们的类名以大写字母开头。这并不是必要的，但这是一个好习惯，可以帮助你浏览较大的程序。当你遇到程序清单 114 中第 5 行这样的代码时，从大写字母就可以立刻知道，该代码创建了一个类的实例，而不只是运行一个普通的函数。

但是如前所述，这只是一个模板，我们还不能使用它。为了将类变成有用的东西，我们必须创建它的一个"实例"——真正的可工作版本，这就是第 5 行的作用。"Myclass()"看上去像是一次函数调用，但这是一个类而不是函数，我们创建了一个"Myclass"的实例，并将结果放到"x"中。现在的"x"是什么？它不再只是一个普通变量，而是一个包含类定义的所有变量及函数的"对象"。

第 6 行说明了这一点："x"自身包含了类定义的"say_hello"函数的一个拷贝，所以通过在对象名后加上一个句点（.），我们就可以访问它的函数（方法）。接下来看看第 8 行和第 9 行：我们重复了前面所做的事情，但是这一次我们使用了一个单独的对象"y"。两个对象都是开始时定义的类模板的实例，但是它们独立存在于内存中，可以用于不同的目的。

现在，因为程序清单 114 中的类定义总是做同样的事且不使用任何数据，所以创建多个它的实例没有任何意义。接下来，我们看一个包含变量和可变数据的类。我们可以使用一种特殊的方法，使类的新实例在创建时自动执行："__init__"（表示"初始化"的"init"两边各加上一个下划线）。

回到我们的员工目录实例，这一次为每个员工创建对象，而不是使用常规的数据结构。当我们创建对象时，可以向"__init__"方法传递实例，设置局部变量。

⚫ **程序清单 115:**

```
1    class Employee:
                    这个方法在对象创建时自动运行
2       def __init__(self, passed_name, passed_number):
                              从主代码传递参数
3          self.name = passed_name
                    实例变量（也称属性）
4          self.number = passed_number
5
6       def show(self):
7          print("Name:", self.name)
8          print("Number:", self.number)
9
10   first = Employee("Bob", 1234)
11   second = Employee("Steve", 5678)
12
13   first.show()
14   second.show()
```

当我们在第 10 行和第 11 行创建类的新实例时，我们指定的参数自动吸收到 "__init__" 方法中，可以通过 "passed_name" 和 "passed_number" 进行访问（可以使用任何名称）。

但是，在类定义中的 "self" 是什么作用呢？它用于引用对象自己的变量拷贝。如果我们在此忽略了 "self"，Python 就以为我们创建了一个临时变量用于指定的方法和其他地方。而 "self" 告诉 Python，这个变量保存在对象中，并在对象的所有方法里共享。因此，我们的 "first" 对象有自己的 "name" 和 "number" 变量（又叫属性），而 "second" 对象有这些变量的另一个拷贝。

一旦创建了类的实例，就可以用句点（.）分隔符修改其属性，就像调用函数一样。例如，将下面的代码片段添加到程序清单 115 的最后。

```
first.name = "Mike"
first.number = 9000
first.show()
```

在这里，我们更新了创建实例时设置的值，并再次显示它们。

类变量——所有实例共有

正如我们在程序清单 115 中所见，"self"引用了类特定实例拥有的变量，但是也可以创建在类的所有实例中共享的"类变量"（即所有从类实例化的对象）。我们还是回到员工目录示例，假定我们想要跟踪创建的员工数量。虽然可以在主代码中用一个单独的变量完成这项工作，但是为了模块化，我们打算在类内部完成。

通过在类内部的所有方法之前声明一个变量来实现这一功能。下面是具体的做法。

➡ **程序清单 116:**

```
1   class Employee:
2       employee_count = 0
3
4       def __init__(self, passed_name, passed_number):
5           self.name = passed_name
6           self.number = passed_number
7           Employee.employee_count += 1
8
9       def show(self):
10          print("Name:", self.name)
11          print("Number:", self.number)
12
13  first = Employee("Bob", 1234).show()
14  second = Employee("Steve", 5678).show()
15  third = Employee("Mike", 9000).show()
16
17  print("Number of employees", Employee.↵
    employee_count)
```

在第 2 行中，我们创建了一个"employee_count"类变量并设为 0。这个值供该类的所有实例共享。此后，每当创建一个类并执行"__init__"时，该类的值递增 1。（注意，我们使用"Employee."前缀，说明我们引用的是类变量，而不是"__init__"中的临时变量。）

在第 13~15 行，我们创建了类的新实例——注意用于创建并在同一行代码中运行"show"方法的简写方式。最后，在第 17 行，我们显示"employee_count"类变量——因为它不与任何特定实例绑定，所以我们使用"Employee."前缀。

8.2 取值方法、赋值方法和逻辑

一旦创建了类的实例和对象，就可以在主代码中轻松地设置对象内的属性了——例如"first.number = 9000"。但有些时候，如果类能够在为属性赋值之前对值进行一些检查，就会更实用。这样，类可以确保发送给它的都是有效数据，这使类（及其实例）更准确、可靠。

下面是一个叫作 Myclass 的类的简单示例，它只有一个属性——数值变量"num"。通过"__init__"方法，我们创建了一个"num"属性，在创建实例时向其传递值，接着我们分别用"@property"和"@num.setter"创建在主代码获取和设置"num"值时激活的方法。

➦ **程序清单 117：**

```
1   class Myclass:
2       def __init__(self, num_passed):
                           创建"num"属性并设置其值
3           self.num = num_passed
4                           每当程序获取"num"值时调用的方法
5       @property
6       def num(self):
7           print("Getting number...")
8           return self.__num
9                           每当程序设置"num"值时调用的方法
10      @num.setter
11      def num(self, num_passed):
12          print("Setting number...")
13          if num_passed > 1000:
14              print("Rounding to 1000")
                           私有变量，在类内部使用
15              self.__num = 1000
16          else:
17              self.__num = num_passed
18
19  x = Myclass(123)
20  print(x.num)
```

```
21
22    x.num = 9000
23    print(x.num)
```

第 1~3 行你现在应该已经非常熟悉了，它为每个从类中实例化的对象提供属性"num"。目前为止一切都很顺利，但是这里发生了某些特殊的事情！每当"num"属性获得新的值（包括"__init__"创建它）的时候，都会自动调用"@num.setter"下面的方法。

这意味着，我们可以在这个方法中引入某些逻辑，在必要时修改值，然后再应用到"num"——在这个例子中，如果原来传递的值大于 1000 则进行舍入。但是，为什么我们设置"self.__num"（有两个下划线）而不使用"self.num"？这是因为，在赋值方法中设置"num"会造成无限循环，赋值方法永远都在被调用！所以，我们须要使用一个带两个下划线的私有变量，那些下划线表示这个变量只应该在类内部使用，不能从其他地方访问。

程序清单 117 的结果，
展示了在我们读取或者更新变量时，
"setter"和"getter"方法是如何被调用的。

理解上述原理的最佳方法是考虑代码的流向：在第 19 行创建对象时，执行跳转到第 2 行，传递的数值是"123"。在第 3 行，当我们尝试设置"num"时，执行跳转到第 11 行，传递的同样是"123"。从这里我们建立了一个私有变量"__num",用于保存"num"的真实内容,我们执行某种逻辑,在该数值大于 1000 时进行舍入处理。

赋值方法结束后,执行在主代码块中的第 20 行继续进行。通过访问"x.num"("x"对象的"num"属性),我们触发了从第 6 行开始的取值方法。这个方法返回我们之前创建的私有变量"__num"。这样,主代码中任何使用"x.num"的尝试都会执行取值方法或者赋值方法,两者都使用类的私有变量"__num"。但是,从主代码的角度我们并不关心类内部发生的情况——我们只知道可以访问和设置"x.num"。类在内部完成这所有工作。

改善程序模块性和可靠性的另一种方法是将逻辑移出主代码,然后放入类中。回顾程序清单 111 中的弹跳球演示程序,如何使那段代码更面向对象,在类内部完成控制小球移动的工作?看看下面的代码。

> **提 示**
>
> 如果你有勇气,可以创建一个球的列表,如"ball = [Ball(30,30), Ball(200,100), Ball(500, 400)]",然后用循环更新和渲染它们:"ball[n].update()"。其中的"n"是当前小球的号码,对"渲染程序"也是如此。这样,主循环的工作就与列表中的小球数量无关。

➡️ **程序清单 118:**

```
1    import pygame, sys
2
3    class Ball:
                          设置小球的初始位置、速度和图像
4        def __init__(self, x, y):
5            self.ball_x = x
6            self.ball_y = y
7            self.ball_x_speed = 7
8            self.ball_y_speed = 7
9            self.ball_pic = pygame.image.load("ball.bmp")
10                         更新位置和速度
11       def update(self):
12           self.ball_x += self.ball_x_speed
13           self.ball_y += self.ball_y_speed
```

```
14
15      if self.ball_x > 610: self.ball_x_speed = -7
16      if self.ball_y > 450: self.ball_y_speed = -7
17      if self.ball_x < 0: self.ball_x_speed = 7
18      if self.ball_y < 0: self.ball_y_speed = 7
19                          在屏幕上绘制小球
20    def render(self):
21        screen.blit(self.ball_pic, (self.ball_x, self.ball_y))
22
23
24  pygame.init()
25
26  screen = pygame.display.set_mode((640, 480))
27
28  ball1 = Ball(30, 30)
29  ball2 = Ball(200, 100)
30  ball3 = Ball(500, 400)
31
32  while 1:
33    for event in pygame.event.get():
34      if event.type == pygame.QUIT:
35        sys.exit()
36
37    screen.fill((90, 230, 90))
38
39    ball1.update()
40    ball1.render()
41    ball2.update()
42    ball2.render()
43    ball3.update()
44    ball3.render()
45
46    pygame.display.flip()
47    pygame.time.wait(10)
```

这个程序可能比程序清单 111 更长，但是它有一个巨大的好处：小球现在是一个对象，而不是硬编码到主代码中的。实际上，这意味着我们可以创建多个小球，并显示其动画，在这个改进的程序中我们正是这么做的！

我们的 "Ball" 类有 3 个方法："_ _init_ _" 用于设置起始位置，通过主代码中提供的参数设定。在这个方法中，我们还设置了球的初始速度和用于显示它的图像（"ball.bmp"）。所以每当创建 "Ball" 的一个实例时，都需要设置这些数据。

接下来，在游戏的每次循环中调用每个球的第二个方法"update"。这个方法相应地更新球的位置和速度，因为这项工作是在类的内部而不是主代码中完成的，所以它以逐个处理的方式进行。我们创建的每个小球都有自己的属性和方法，因此所有的小球都是独立工作的。最后，我们用"render"方法显示小球；可以将它放在主代码中，但是如果我们想要在以后增加更多特效或者更改渲染过程，将其放在类中更好。

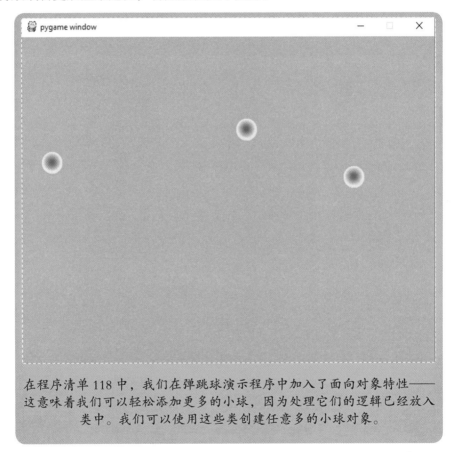

在程序清单 118 中，我们在弹跳球演示程序中加入了面向对象特性——这意味着我们可以轻松添加更多的小球，因为处理它们的逻辑已经放入类中。我们可以使用这些类创建任意多的小球对象。

现在，我们的主代码更短小、简洁了。在第 28~30 行，我们创建了 3 个小球，指定它们的起始位置，然后启动主循环。和以前一样，首先我们检查用户是否关闭窗口（如果没有关闭，则填充屏幕），然后调用"update"和"render"方法处理 3 个小球。因为所有小球都有不同的起始位置，所以它们都将独立移动——你可以尝试加入更多的小球并设置不同的起始位置。

8.3 继承

　　我们关注的下一个 OOP 概念称为继承。这和从遗嘱中得到财产无关，而是在一个类的基础上，"继承"其方法和属性，构建另一个类。为什么要这么做？考虑一下如何处理许多相似而又有少数关键差别的数据类型，你可能会想到用 OOP 处理这种数据。你可以为每个数据类型创建各不相同的类，但是会造成许多代码重复，效率也不是很高。

　　更好的方法是定义一个包含共用元素的"基类"，然后定义从基类继承特性的"子类"。下面是一个很好的例子：假设你需要编写一个涉及不同类型交通工具的游戏或者模拟程序，希望为每种类型的交通工具定义各自的类。它们之间有什么共同的属性？

　　所有交通工具都有屏幕上的 X 和 Y 坐标以及速度。所有交通工具也有共同的移动和渲染方法，就像程序清单 118 中的小球一样。所有这些特性都可以放入"Vehicle"基类，然后我们可以开始考虑特定交通工具类型的子类。例如，挖掘机需要"Vehicle"类的所有功能，还要包括只有挖掘机才具备的特殊方法，如"挖掘"。类似地，直升机类也必须基于"Vehicle"类，但是需要自己的"z_pos"（高度）变量才能离开地面。看看如下的代码。

◆▶ **程序清单 119：**

```
1   class Vehicle:
2       def __init__(self, x, y):
3           self.x_pos = x
4           self.y_pos = y
5           self.x_speed = 0
6           self.y_speed = 0
7
8       def update(self):
9           print("Moving...")
10          self.x_pos += self.x_speed
11          self.x_pos += self.y_speed
12
13      def render(self):
14          print("Drawing...")
```

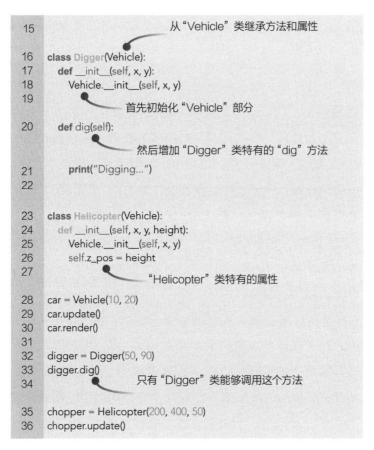

```
15                              从"Vehicle"类继承方法和属性

16   class Digger(Vehicle):
17     def __init__(self, x, y):
18       Vehicle.__init__(self, x, y)
19                      首先初始化"Vehicle"部分

20     def dig(self):
                              然后增加"Digger"类特有的"dig"方法

21       print("Digging...")
22

23   class Helicopter(Vehicle):
24     def __init__(self, x, y, height):
25       Vehicle.__init__(self, x, y)
26       self.z_pos = height
27                      "Helicopter"类特有的属性

28   car = Vehicle(10, 20)
29   car.update()
30   car.render()
31
32   digger = Digger(50, 90)
33   digger.dig()
34                  只有"Digger"类能够调用这个方法

35   chopper = Helicopter(200, 400, 50)
36   chopper.update()
```

为了保持程序简短，专注于继承，我们省略了一些游戏 / 模拟逻辑，只添加了几条"print"指令，以显示发生的情况。在第 1 行创建的"Vehicle"类很简单，遵循之前讨论过的原则。它包括所有交通工具共有的几个属性和方法。

但是在第 16 行，我们做了一些不同的事情：在类名旁边的括号中，我们加入了想要继承的类名。这样，"Digger"类现在具有"Vehicle"中的所有属性，我们不需要再单独编写它们的代码。这大大节约了时间！

不过，我们必须确保"Vehicle"调用自己的"__init__"例程——我们在第 18 行这么做了，传递了接收到的值。在第 20 行，我们重新定义了一个只特定于该类的方法"dig"。"Vehicle"基类的常规实例不能使用这个方法，只有"Digger"的实例才能调用它。

> **提 示**
>
> 程序清单 119 展示了如何从另一个类中继承方法和属性，但是你也可以从多个类中继承——只需要在类定义的括号中放入多个基类，并用逗号分隔。注意，这可能使你的程序变得非常复杂，难以调试，所以只在绝对必要的时候才这么做！

第 23 行的"Helicopter"类也是从"Vehicle"继承而来，运行该类的"__init__"例程，但是它还增加了自己的"z_pos"变量，用于跟踪这种交通工具的飞行高度。只有从"Helicopter"实例创建的对象才能使用这个属性，常规的交通工具或者挖掘机都不行。最后一行只是为了演示，我们仍然可以使用"Vehicle"基类的"update"方法，因为"Helicopter"继承了它。

8.4　使用槽

在本章的最后，我们将研究一种可以更好地控制对象的方法——具体地说，是控制它们拥有的属性。通常，当你创建对象时，可以在程序中添加额外的属性，即使这些属性并不在类定义中。下面是一个演示程序。

➡️ **程序清单 120：**

```
1   class Myclass:
2       def __init__(self, passed_number):
3           self.number = passed_number
4
5   x = Myclass(10)
6   print(x.number)
7
8   x.text = "Hello"
9   print(x.text)
10
11  print(x.__dict__)
```

在这里，我们像往常一样建立了一个新的类定义，包含属性"number"。当我们在第 5 行中创建该类的一个实例时，将这个属性的值设为 10。一切顺利——但是第 8 行发生了什么？在这里，我们为类的这个实例创建了一个新属性——一个字符串属性，在类定义中并没有规定它。

现在，这样做是没有问题的。对于许多程序，能够实时创建新属性是一种优势。但是，这也有一些缺点：属性保持在一个字典中，需要花时间处理，内存的利用也不是很有效。这种对象特有的字典被称为"__dict__"（两边各有两个下划线），在程序清单 120 中，我们显示了它的内容："{'number'：10，'text'：'Hello'}"。

为了改进性能，节约内存，我们可以告诉 Python 不要使用字典保存实例属性。并且你还可以指定允许创建哪些属性，这样就不会创建任何其他的属性。这种功能可以通过"槽"（slot）实现，具体方法如下。

▶ 程序清单 121：

```
1    class Myclass(object):
2        __slots__ = ["number", "name"]
3        def __init__(self, passed_number):
4            self.number = passed_number
5
6    x = Myclass(10)
7    print(x.number)
8
9    x.name = "Bob"
10   print(x.name)
11
12   x.text = "Hello"
```

上述程序和程序清单 120 相比有两处主要的变化：在第 1 行，我们规定"Myclass"应该从"object"通用类继承；在第 2 行，我们创建了"__slots__"（使用现在已经很熟悉的两个下划线），指定该类实例中允许的属性——"number"和"name"（其他都不允许）。

在第 6 行开始的主代码中，我们创建了"number"和"name"属性——看看第 12 行发生了什么。在此，我们试图创建一个新的实例属性"text"，但是 Python 不喜欢这样；它终止了程序并显示错误信息："AttributeError：'Myclass'object has no attribute'text'."（属性错误："Myclass"对象没有属性"text"。）

如前所述，使用槽指定属性可以改善性能、节省内存。在简单的小程序（如程序清单 120 和 121）中不会很明显，如果你编写一个更为复杂的应用程序，创建数千个对象并且需要快速处理它们，用槽代替默认的字典可能就会有显著的不同。

举个例子，有一位在旅馆评论网站（该网站大量使用 Python）上工作的工程师发表了一篇博客帖子，仅凭使用槽并添加一行代码，这位工程师在他的 Web 服务器上就节约了 9GB（1GB 约等于 10 亿个字节）的内存。

挑战自我

1. 如何调用类定义中的函数？

2. 如何快速分清函数调用和创建类的新实例？

3. "__init__" 方法有何特别之处？

4. 什么是"赋值方法"？

5. 什么是"类变量"？

本书的结尾，也是你编码生涯的开始

现在，我们已经来到了本书的末尾（至少是主要章节的结束，不要错过了后面的程序示例）。我们详细研究了 Python，现在你已经有了开始编写程序所需的技巧、技术和知识。你可以参加现有的 Python 项目，也可以对其他人的代码进行理解和修改。当然，只要那些代码写得好！

09

第 9 章
示例程序

本书中的大部分程序清单都很简洁，通过它们你可以学到特定的 Python 功能和技巧。但是，你也许渴望看到一些更充实的程序，我们在这里安排了一些示例程序，供你学习和作为基础进行改良。

这些程序使用的大部分都是前面介绍过的技术，但是作为完整示例，我们将在代码后解释少量的新特征。我们希望这些程序能够激励你开始编写自己的应用，可以随意选取、灵活使用其中的任何代码片段。

9.1 击球游戏

你可以在包含代码清单的压缩文件中找到这个游戏，文件名是
"batandball.py"，球和球拍的图像也包含其中。这是在程序清单 111 的简单
弹球演示程序的基础上发展起来的一个简单游戏。此处我们在屏幕底部增加
一个球拍，使程序更加有趣。用光标键左右移动球拍，使球保留在屏幕上即
可得分，分数显示在屏幕的左上角。如果未能击中球，使球落到屏幕底部，
游戏就结束了。

```python
1   import pygame, sys, random
2
3   pygame.init()
4
5   screen = pygame.display.set_mode((640, 480))
6
7   # 设置一种新字体
8   font = pygame.font.Font(None, 36)
9
10  score = 0
11
12  ball = pygame.image.load("ball.bmp")
13  ball_x = 10
14  ball_y = 10
15  ball_x_speed = 7
16  ball_y_speed = 7
17
18  bat = pygame.image.load("bat.bmp")
19  bat_x = 260
20  bat_y = 430
21
22  while 1:
23    for event in pygame.event.get():
24      if event.type == pygame.QUIT:
25        sys.exit()
26
27    score += 1
28
29    # 检查左右光标键是否按下,
30    # 对应地移动球拍
31    pressed = pygame.key.get_pressed()
32    if pressed[pygame.K_RIGHT] and bat_x < 512:
33      bat_x += 15
```

```
34    if pressed[pygame.K_LEFT] and bat_x > 0:
35        bat_x -= 15
36
37    ball_x += ball_x_speed
38    ball_y += ball_y_speed
39
40    # 碰撞检测代码
41    if ball_x > bat_x and ball_x < bat_x + 112 and ↵
      ball_y > 400:
42        ball_y_speed = -(random.randint(5, 15))
43
44    if ball_x > 610: ball_x_speed = -(random. ↵
      randint(5, 15))
45    if ball_y > 450: break
46    if ball_x < 0: ball_x_speed = random.randint(5, 15)
47    if ball_y < 0: ball_y_speed = random.randint(5, 15)
48
49    screen.fill((240, 255, 255))
50
51    # 生成并呈现分数文本
52    scoretext = font.render("Score: " + str(score), 1, (30, 30, 30))
53    screen.blit(scoretext, (10, 10))
54
55    screen.blit(ball, (ball_x, ball_y))
56    screen.blit(bat, (bat_x, bat_y))
57
58    pygame.display.flip()
59    pygame.time.wait(10)
60
61 print("Your score was:", score)
```

在这里我们加入了一些技巧。在第 8 行，我们设置了一种 36 磅的字体，并将字体名称设置为"None"，这告诉 Pygame 可以使用任何可用的字体（默认字体）。这样可以确保游戏适用于多个平台，在 Windows、MacOS 和 Linux 上毫无问题地运行。如果你尝试使用系统的特定字体，可能在以后会碰到问题。

第 31~35 行负责处理用户输入。我们需要检查用户是否按下左右光标键，使球拍分别向左或者向右移动 15 个像素。我们还做了另外的检查，确保球拍不会完全移出屏幕。

第 41 行和第 42 行负责碰撞检测；也就是说，检查球是否碰到球拍，如果是则将球的垂直速度改为负数。注意这里的代码，它检查的是球的位置是否在球拍顶部周围，一定要记住，球的宽度为 32 个像素，球拍的宽度为 128 个像素。这段碰撞检测代码很简单，它没有考虑球来自哪个角度，但是它已经能够完成这个任务。

第 42、44、46 和 47 行中用于生成球速的随机数完全是为了让游戏更有趣，因为游戏者不知道球碰到墙时的反应。在第 42 和 44 行中我们生成 −15~−5 的负速度，而在其他代码行中生成 5~15 的正速度。和弹球演示程序一样，这些速度会在每一次的主游戏循环中加到球上。

在第 52 和 53 行，我们生成了得分字符串（包含 "score" 变量的内容）并显示。最后，一旦游戏结束，便可以在命令行上打印最终得分。

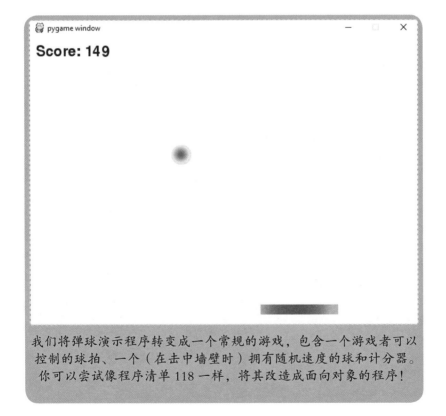

我们将弹球演示程序转变成一个常规的游戏，包含一个游戏者可以控制的球拍、一个（在击中墙壁时）拥有随机速度的球和计分器。你可以尝试像程序清单 118 一样，将其改造成面向对象的程序！

9.2　员工目录

在本书中，我们已经多次用到这个员工目录示例——现在是时候运用 OOP、"腌制"、列表、数据存储和我们已经探索过的许多其他技术，创建一个完整程序了。你可以在压缩文件中找到这个例子，名称为"employeedir. py"。请仔细阅读下面的程序以及清单后的解释。要运行这个程序，你需要安装"Dill"模块，可以输入"pip3 install dill"命令进行安装。

```
1   import sys, os
2   import dill as pickle
3
4   class Employee(object):
5       def __init__(self, passed_name, passed_number, ↵
         passed_comment):
6           self.name = passed_name
7           self.number = passed_number
8           self.comment = passed_comment
9
10      def find(self, search_term):
11          if self.name.lower().find(search_term. ↵
            lower()) != -1:
12              return 1
13          elif self.number.lower().find(search_term. ↵
            lower()) != -1:
14              return 1
15          elif self.comment.lower().find(search_term. ↵
            lower()) != -1:
16              return 1
17          else:
18              return 0
19
20      def show(self):
21          print("Name:", self.name)
22          print("Number:", self.number)
23          print("Comment:", self.comment)
24
25  def load_data(filename):
26      try:
27          global employees
28          file_data = open(filename, "rb")
29          employees = pickle.load(file_data)
30          input("\nData loaded - hit enter to continue...")
```

```
31        file_data.close()
32
33     except OSError as err:
34        print("File couldn't be opened:")
35        print(err)
36        sys.exit(1)
37
38  def save_data(filename):
39    try:
40        global employees
41        file_data = open(filename, "wb")
42        pickle.dump(employees, file_data)
43        file_data.close()
44        input("\nData saved - hit enter to continue...")
45
46     except OSError as err:
47        print("File couldn't be saved:")
48        print(err)
49        input("\nHit enter to continue...")
50
51  employees = []
52  choice = 0
53
54  if len(sys.argv) == 1:
55     print("No filename specified - starting with ↵
          empty data")
56     input("Hit enter to continue...")
57  else:
58     load_data(sys.argv[1])
59
60  while choice != 6:
61     if sys.platform == "win32":
62        os.system("cls")
63     else:
64        os.system("clear")
65
66     print("===== Employee Directory Manager ↵
          2.0 =====\n")
67     print(" 1. List employees")
68     print(" 2. Add employee")
69     print(" 3. Delete employee")
70     print(" 4. Search employees")
71     print(" 5. Save data")
72     print(" 6. Quit")
73
74     choice = int(input("\nEnter your choice: "))
75
76     if choice == 1:
```

```
77        for x in range(0, len(employees)):
78            print("\nEmployee number:", x + 1)
79            employees[x].show()
80        input("\nHit enter to continue...")
81
82    elif choice == 2:
83        name = input("\nEnter employee name: ")
84        number = input("Enter employee number: ")
85        comment = input("Enter employee comment: ")
86        employees.append(Employee(name,
              number, comment))
87    input("\nEmployee added - hit enter to
          continue...")
88
89    elif choice == 3:
90        number = int(input("\nEnter employee
              number to remove: "))
91        if number > len(employees):
92            input ("No such employee! Hit enter to
                  continue...")
93        else:
94            del employees[number - 1]
95            input("\nEmployee removed - hit enter to
                  continue...")
96
97    elif choice == 4:
98        search_term = input("\nEnter a name,
              number or comment: ")
99        for x in range(0, len(employees)):
100            result = employees[x].find(search_term)
101            if result == 1:
102                print("\nEmployee number:", x + 1)
103                employees[x].show()
104        input("\nHit enter to continue...")
105
106    elif choice == 5:
107        filename = input("\nEnter a filename: ")
108        save_data(filename)
```

　　"Dill"模块和"腌制"的功能相同，但是更为灵活，可以存储类和对象实例。我们在第 2 行中导入模块，并使用"as"更改程序中的引用方式。这样，我们便可以使用熟悉的"pickle.load"和"pickle.dump"例程，但是需要使用 Dill 版本替代。

　　在这个程序中，每个员工是一个对象。类定义包含 3 个属性，分别对应员工姓名、编号和注释（程序用户希望加入的其他任何数据）。此外，每个对象都有一个"find"方法，该方法取得一个搜索参数。如果搜索参数可以在员工数据中找到，则该方法返回 1；否则返回 0。还有一个"show"方法，用于显示员工的详情。

我们定义了这样的例程，用"腌制"方法加载和保存数据，执行一些检查并提示按下 Enter 键（"input"例程最为理想，因为我们可以抛弃其返回的数据）。然后，我们建立一个类实例的列表——"employees"，并启动主循环。程序会根据所运行的操作系统清除屏幕，然后显示一个菜单，并相应地对选择作出反应。

仔细观察第 76~80 行：我们建立一个循环，读取列表中的每个对象，并调用其"show"方法。对用户来说，员工编号从 1 开始，但是我们知道 Pyhton 列表的内部编号从 0 开始，因此在第 78 行中有"+1"。其他代码应该很简单了——为什么我们不尝试对其进行改良呢？你可以增加一个菜单项和一个代码块，用来询问员工号和更新细节，及对现有员工信息进行修改。你也可以添加另一个菜单项，用来显示特定范围内（例如 5~10 号）的员工信息。

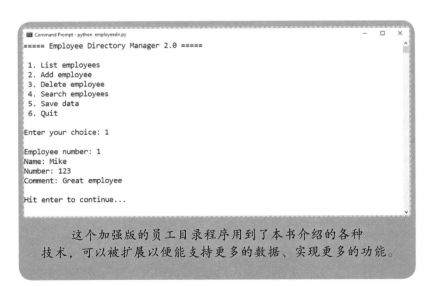

这个加强版的员工目录程序用到了本书介绍的各种技术，可以被扩展以便能支持更多的数据、实现更多的功能。

9.3　文本编辑器

你将发现下一个示例程序在压缩文件中名为"texteditor.py"——你可能从名称就猜到，这是一个文本编辑器。是的，因为有了 Tkinter，我们才能拥有这样一个易操作的编辑器，它具有文件加载和保存功能，还有可点击菜单和其他特点，而这一切只需要 43 行代码（如果删除我们为了美化而增加的空白行，实际的代码行会更少）。

此外，我们还添加了来自 Tkinter 的一些其他功能："scrolledtext"提供了编辑普通文本的矩形窗口部件（在必要时包含滚动条）；"filedialog"可以用于创建打开和保存文件的对话框；"messagebox"用于弹出式消息（如"关于"对话框）。下面是详细代码。

```
1    from tkinter import *
2    from tkinter import scrolledtext
3    from tkinter import filedialog
4    from tkinter import messagebox
5    import sys
6
7    def open_file():
8      file = filedialog.askopenfile(mode = "r")
9      if file != None:
10       text.delete("1.0", END)
11       text.insert("1.0", file.read())
12       file.close()
13
14   def save_file():
15     file = filedialog.asksaveasfile(mode = "w")
16     if file != None:
17       file.write(text.get("1.0", END))
18       file.close()
19
```

```
20   def about_dialog():
21      messagebox.showinfo("About", "Version 1.0\nEnjoy!")
22
23   def exit_app():
24      sys.exit(0)
25
26   root_win = Tk()
27   root_win.title("Text Editor")
28   root_win.geometry("640x480")
29
30   main_menu = Menu(root_win)
31   root_win.config(menu = main_menu)
32
33   file_menu = Menu(main_menu)
34   main_menu.add_cascade(label="File", menu = ↵
        file_menu)
35   file_menu.add_command(label="Open", ↵
        command = open_file)
36   file_menu.add_command(label="Save", ↵
        command = save_file)
37   file_menu.add_command(label="About", ↵
        command = about_dialog)
38   file_menu.add_command(label="Exit", ↵
        command = exit_app)
39
40   text = scrolledtext.ScrolledText(root_win, ↵
        width = 80, height = 30)
41   text.pack(fill = "both", expand = "yes")
42
43   root_win.mainloop()
```

让我们从第 26 行开始，这也是执行的起始位置：我们创建了一个新的根窗口，并相应地设置其大小。第 30 和 31 行创建了一个新菜单，并应用到根窗口。此时，它只是一个空的菜单栏，在第 33 和 34 行，我们在菜单栏上创建了一个新项目——一个"File"（文件）菜单。然后，从第 35~38 行，我们在"File"菜单中增加项目，并用"command"参数将菜单项连接到我们在文件前部定义的函数。

第 40 行在根窗口内创建了一个新的文本输入部件，第 41 行将其放入根窗口，说明它应该填满窗口，并在用户改变窗口大小时随之变化。这样，我们就得到了一个填满整个窗口（当然，除了 Windows 和大部分 Linux 分发版本顶部的菜单栏之外）的文本输入框。

这个文本编辑器用于输入文本……首先要知道的是文本编辑器的代码。

现在，我们可以关注连接到菜单项的函数：在第 8 行我们弹出一个对话框，要求用户选择要打开的文件；然后，我们可以访问这个文件——"file"对象。如果成功打开文件，我们应该在添加新文本之前删除文本框中现有的所有内容——第 10 行就完成了这项工作。这里的 "1.0" 表示文本内容的第一行、第一个字符，这是另一种编号系统！是的，按照 Tkinter 的说法，行从 1 开始计数，而每行上的字符从 0 开始计数。

在第 10 行，我们从文件的开始一直删除到 "END"——这个特殊的关键字表示文件的结尾。然后在第 11 行，我们从文本的开始插入内容。保存文件的过程也相似：从第 14 行开始，首先弹出一个对话框，选择要保存的文件名，然后用 "text.get" 和数据的起始位置从输入部件中获取所有文本，并写入文件。

最后，在用到 "About"（关于）菜单项的第 21 行，我们弹出一个简单的对话框，它有两个参数：标题和要显示的文本。注意，这里我们可以用 "\n" 换行符在对话框内分行。这样就完成了！现在，我们已经了解了Tkinter 的一些特性，如果你仔细研究了这个程序，想要编写更多图形化的应用，可以到有关网站查看更详细的资源、提示和指南列表。

9.4 新闻标题

我们的最后一个程序演示了如何从互联网上读取和解析信息。在程序清单 105 中，我们创建了一个很简单的 Web 浏览器。它可以从网络服务器读取 HTML 数据并显示在屏幕上，但是我们对数据没有进行任何处理，本质上只是读取一堆字节并打印而已。

这一次，我们将把接收到的数据处理成更容易理解的形式。为了实现这个目标，我们将从新华社网站上获取一组标题。现在，我们将编写一个程序，从该网站的一部分提取一组标题并显示。如果有新的消息，则每隔 60 秒更新一次标题。如果你使用的设备有多个显示器，可以将运行本程序的窗口放在显示器的一个角落，以便在工作的同时追踪重大事件。如果你特别有信心，也可以为树莓派设备配备一个小型液晶显示器，用于显示这些标题。

如果在 Web 浏览器上访问"图片频道"部分，在查看 HTML 源代码时，你会发现这些源代码很复杂——那么，如何从这些复杂的信息中提取标题？解决方案就是使用这一部分的 RSS "源"或者数据。RSS（丰富站点摘要）是一种基于 XML 的数据格式，包含网页的精华部分。比起混杂的 HTML、CSS 和 JavaScript，RSS 更容易使用。

你可以在浏览器中查看 RSS 源代码，因为它们都在同一行上，所以你必须滚动屏幕。你会发现 RSS 实际上很简单，最重要的是，它包含了我们的标题显示程序所需要的元素：标题和链接。

下面就是这个程序。为了解析 RSS，我们需要 "feedparser" 模块，所以事先要用 "pip3 install feedparser" 进行安装。你将在压缩文件中发现这个程序——"headlines.py"。我们已经为它配备了一些额外的功能，可以根据特定的主题显示和过滤标题。

```
1   import feedparser, time
2   import sys, os
3
4   Subtitle = input("\nEnter the Subtitle (eg ↵
    'pictures') to view: ")
5   no_of_items = int(input("How many headlines ↵
    do you want to show? "))
6   show_urls = input("Show URLs as well? y/n: ")
7   filter = input("Enter a word or term you want to ↵
    filter out: ")
8
9   while 1:
10    if sys.platform == "win32":
11      os.system("cls")
12    else:
13      os.system("clear")
14
15    myfeed = feedparser.parse ↵
    ("https://www.news.cn/r/" + Subtitle \
16      + "/.rss")
17
18    if len(myfeed["entries"]) == 0:
19      print("Subtitle not valid!")
20      sys.exit(1)
21
22    x = 1
23
24    for post in myfeed.entries:
25      if len(filter) > 0:
26        if post.title.lower().find(filter.lower()) == -1:
27          print("* " + post.title)
28          if show_urls == "y":
29            print("  (" + post.link + ")")
30      else:
31        print("* " + post.title)
32        if show_urls == "y":
33          print("  (" + post.link + ")")
34      x += 1
35      if x > no_of_items:
36        break
37
38    time.sleep(60)
```

导入需要的模块之后，在第 4~7 行我们问了用户一些问题。"filter"部分询问用户需要过滤的词汇或者术语——包含该文本的标题将不会显示。

在第 9 行，我们设置了一个无限循环，然后在第 10~13 行用特定的 OS 例程（前面已经研究过）清除屏幕。第 15 行和第 16 行实际上是同一行代码的两个

部分，用反斜杠分隔是为了形式上更好看。这些代码行完成关键的工作：它们告诉"feedparser"模块，读取用户指定的新华社 RSS 数据，并保存在"myfeed"对象中。如果用户输入不存在或者是空的新华社子板块，"myfeed"中将没有任何项目，我们应该退出——那就是第 18~20 行完成的工作。

第 22 行建立了一个临时计数器变量"x"，我们用它来确保只显示用户在第 5 行中所指定数量的标题。程序在处理每个标题时会递增"x"变量，当"x"大于用户输入的"no_of_items"值时则停止显示。

第 24~36 行采用多级缩进的形式建立了一个循环。这个循环读取"myfeed"数据中的每则信息，然后获取标题（"post.title"）和链接（"post.link"）。我们会检查用户在第 25 行中是否有输入一个过滤词：如果有，就在第 26 行检查标题中是否包含该词；如果没有，就显示标题，并在下面的括号中显示可选的链接。

第 31~33 行的缩进代码会在用户没有输入任何过滤词时执行。最后，在第 38 行我们使程序暂停 1 分钟，然后从第 9 行开始无限循环的下一次迭代，更新从新华社子板块读取的标题。许多网站提供 RSS 源，所以你可以自定义这个程序，从互联网上获取各种数据，并以不同的方式进行解析和显示。例如，你可以编写一个与天气有关的应用，或者访问体育比赛数据并显示结果。

附录
"挑战自我" 的答案

...第 2 章...

1．必须以字母开头，不能使用现有的函数或者关键字名称
2．b = int(a)
3．带小数点的数字，如 1.234
4．a += 5
5．25；5 乘以 3，然后在结果上加 10。要得到 45 的结果，可使用"(10 + 5) * 3"，首先进行加法

...第 3 章...

1．"if a == 2"正确。两个等号意味着比较，单个等号意味着赋值
2．大部分 Python 编码人员喜欢使用空格（例如，每级缩进 4 个空格），但是这并不重要，重要的是保持一致
3．如果"a"小于或者等于 5
4．.lower()
5．break

...第 4 章...

1．放在程序的开始，这样 Python 在主代码试图调用之前就知道它们的存在
2．它们包含参数——传递给函数的数据。这些数据在函数中可作为变量访问
3．def test(a = 10)
4．return
5．局部变量只能在创建它们的函数内部访问；全局变量可以在其他函数和主代码中访问

...第 5 章...

1．"mystring[4]"——记住，我们在遍历元素时从 0 开始计数

2．元组用圆括号定义，它们的内容不能改变；列表用方括号定义，内容可以改变

3．mylist.sort(key=str.lower)

4．del employees["Bob"]

5．def summary(*data):

... 第 6 章 ...

1．\n

2．wb

3．seek(offset)

4．0~65535（包含）

5．导入"sys"模块，它将在"sys.argv[1]"中

... 第 7 章 ...

1．导入"sys"模块并检查"sys.platform"——Windows 为"win32"，Linux 为"linux"，MacOS 为"darwin"

2．导入"os"模块并执行"os.system("test.exe")"

3．导入"random"模块并使用"random.randint(20, 90)"命令

4．执行"display.flip()"

5．将变量和函数定义放在单独的文件（如"mymodule.py"）中，然后在主代码文件中使用"import mymodule"

... 第 8 章 ...

1．一个方法

2．所有类名以大写字母开始，这是一个好的编码习惯

3．在创建类的新实例时总是调用该方法

4．在某个属性被设置或更改时自动调用的方法

5．在类的所有实例中共享的变量